新学習指導要領対応

学校でも、家庭でも
応用力を伸ばす！

上級 算数 小学6年生

習熟プリント

学力の基礎をきたえ
どの子も伸ばす研究会

加藤 英介 著

自信がついた！

清風堂書店

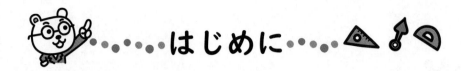

はじめに

「算数習熟プリント」は発売以来長きにわたり、学校現場や家庭で支持されてまいりました。その中で、変わらず貫き通してきた特長は

○ 通常のステップよりも、さらに細かくスモールステップにする

○ 大事なところは、くり返し練習して習熟できるようにする

○ 教科書のレベルがどの子にも身につくようにする

でした。この内容を堅持し、新たなくふうを加え、2020年4月に「算数習熟プリント」を出版しました。学校現場やご家庭で活用され、好評を博しております。

さらに、子どもたちの習熟度を高め、応用力を伸ばすため、「上級算数習熟プリント」を発刊することとなりました。基礎から応用まで豊富な問題量で編集してあります。

今回の改訂から、前著「算数習熟プリント」もそうですが、次のような特長が追加されました。

○ 観点別に到達度や理解度がわかるようにした「まとめテスト」

○ 算数の理解が進み、応用力を伸ばす「考える力をつける問題」

○ 親しみやすさ、わかりやすさを考えた「太字の手書き風文字」、「図解」

○ 解答のページは、本文を縮めたものに「赤で答えを記入」

○ 使いやすさを考えた「消えるページ番号」

「まとめテスト」は、新学習指導要領の観点とは少し違い、算数の主要な観点「知識（理解）」（わかる）、「技能」（できる）、「数学的な考え方」（考えられる）問題にそれぞれ分類しています。

これは、「計算はまちがえたが、計算のしくみや意味は理解している」「計算はできているが、文章題ができない」など、どこでつまずいているのかをつかみ、くり返し練習して学力の向上へと導くものです。十分にご活用ください。

「考える力をつける問題」は、他の分野との融合、発想の転換を必要とする問題などで、多くの子どもたちが不得意としている活用問題にも対応しています。また、算数のおもしろさや、子どもたちがやってみようと思うような問題も入れました。

本文には、小社独自の手書き風のやさしい文字を使っています。子どもたちに見やすく、きれいな字のお手本にもなるようにしました。

また、学校で「コピーして配れる」プリントです。コピーすると、プリント下部の「ページ番号が消える」ようにしました。余計な時間を省き、忙しい中でも「そのまま使える」ようにしました。

本書「上級算数習熟プリント」を活用いただき、応用力をしっかり伸ばしていただければ幸いです。

学力の基礎をきたえどの子も伸ばす研究会

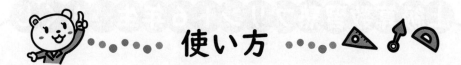

使い方

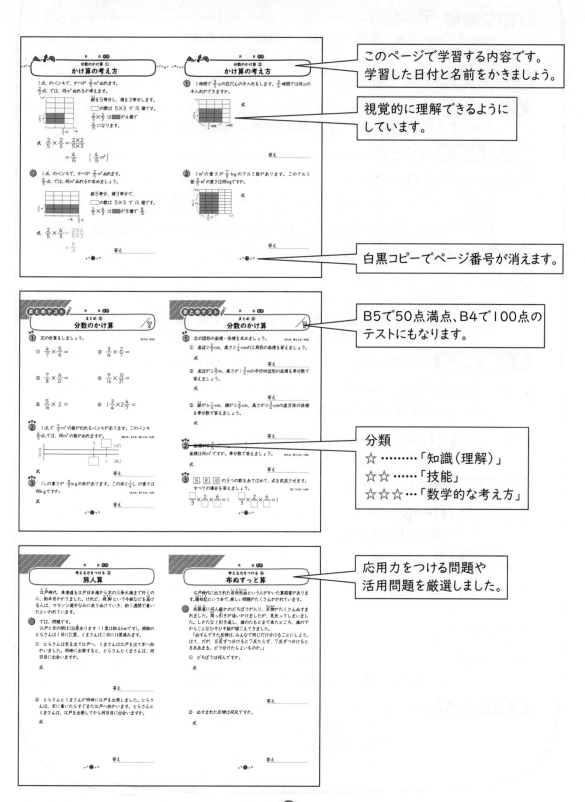

このページで学習する内容です。
学習した日付と名前をかきましょう。

視覚的に理解できるように
しています。

白黒コピーでページ番号が消えます。

B5で50点満点、B4で100点の
テストにもなります。

分類
☆ ………「知識(理解)」
☆☆ ……「技能」
☆☆☆ …「数学的な考え方」

応用力をつける問題や
活用問題を厳選しました。

上級算数習熟プリント6年生　もくじ

月　日　名前

対称な図形 ①
線対称

① 点A、Bを結ぶ直線を引きましょう。

㋐
A

B

㋑
A
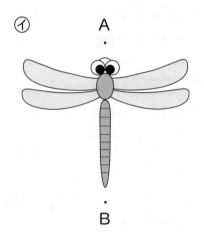
B

　このように、直線ＡＢを折り目にして折ったとき、半分があと半分ときちんと重なり合う図形を、線対称（せんたいしょう） な図形といいます。
　また、直線ＡＢを 対称の軸（じく） といいます。

② 正方形に対称の軸を引きましょう。

　正方形のように、対称の軸が２本以上ある図形もあります。

対称な図形 ②
線対称

線対称な図形で、対称の軸で折ったとき、きちん
と重なり合う１組の点や角や辺を、対応する点、
対応する角、対応する辺 といいます。

 次の図について答えましょう。

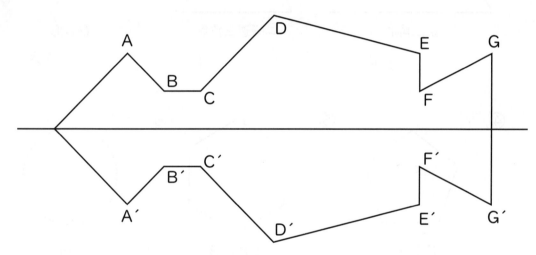

① 対応する点をかきましょう。

点Aと点（　　　）点Bと点（　　　）

点Dと点（　　　）点Eと点（　　　）

② 対応する角をかきましょう。

角Aと角（　　　）角Cと角（　　　）角Eと角（　　　）

③ 対応する線をかきましょう。

辺BCと辺（　　　）辺DEと辺（　　　）辺FGと辺（　　　）

月　　日　名前

対称な図形 ③
対称の軸

次の図形の対称の軸は何本ありますか。

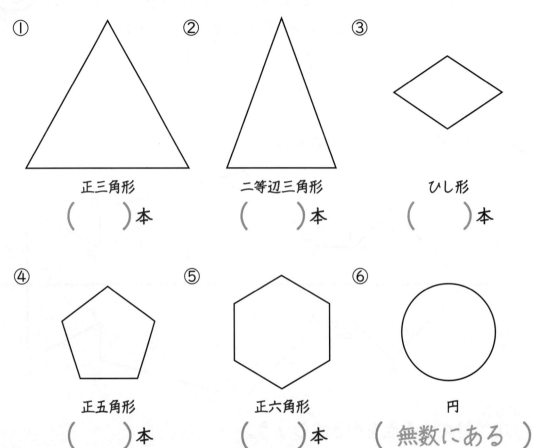

① 正三角形
（　　　）本

② 二等辺三角形
（　　　）本

③ ひし形
（　　　）本

④ 正五角形
（　　　）本

⑤ 正六角形
（　　　）本

⑥ 円
（　無数にある　）

右の図のように線対称な図形では、対応する点を結ぶ直線は、対称の軸に垂直に交わります。

また、対称の軸から対応する2つの点までの長さは等しくなっています。

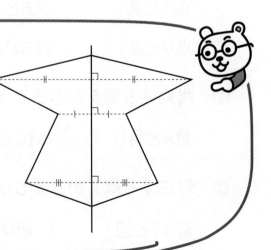

対称な図形 ④
対称の軸

 次の線対称な図形に、対称の軸をかき入れましょう。

⑦

④

⑦

④

④

④

④

④

④

線対称な図形では、

①　対応する辺の長さが等しい。

②　対応する角の大きさが等しい。

③　対応する点を結ぶ直線は、対称の軸に垂直に交わり2等分
　　される。

月　　日 名前

対称な図形 ⑤
作図

 線対称（せんたいしょう）な図形をかきましょう。

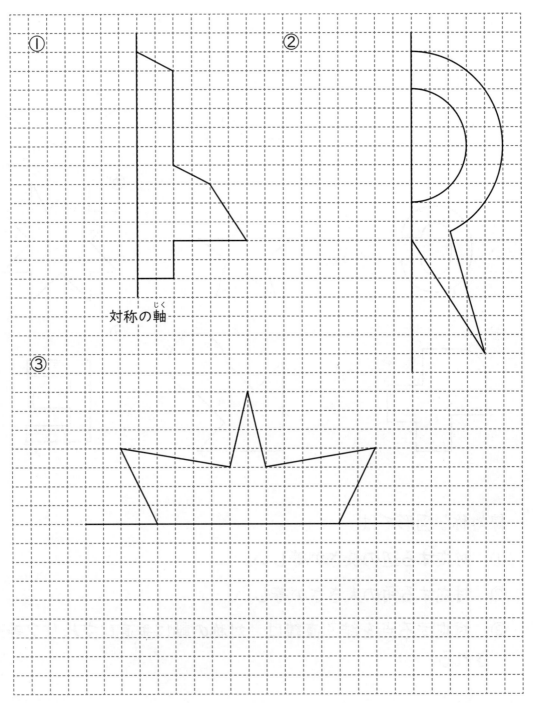

対称の軸（じく）

対称な図形 ⑥
作図

 線対称な図形をかきましょう。

①
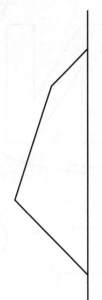

②
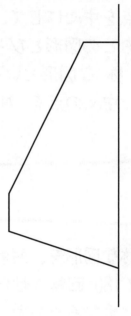

③

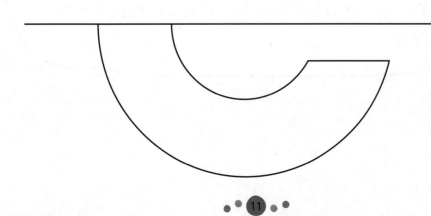

対称な図形 ⑦
点対称

　　ある点を中心にして、180°回転させた
とき、もとの図形とぴったり重なる図形
を <ruby>点対称<rt>てんたいしょう</rt></ruby> な図形といいます。
　　また、中心の点を 対称の中心 といい
ます。

　　点対称な図形を、対称の
中心Oで180°回転させたとき、
きちんと重なる点や角、辺を
対応する点、対応する角、
対応する辺 といいます。

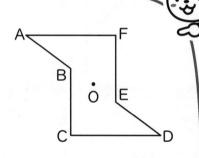

　　点Aには、点Dが対応し、点Bには、点Eが
対応します。
　　角Aには、角Dが対応し、角Bには、角Eが
対応します。
　　辺ABには、辺DEが対応し、辺BCには辺EFが
対応します。

対称な図形 ⑧
点対称

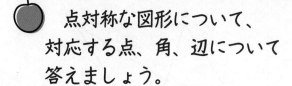

点対称な図形について、
対応する点、角、辺について
答えましょう。

① 点Aに対応する点は

→ 点（　　　　）

② 点Cに対応する点は

→ 点（　　　　）

③ 点Jに対応する点は　　→　点（　　　　）

④ 角Bに対応する角は　　→　角（　　　　）

⑤ 角Cに対応する角は　　→　角（　　　　）

⑥ 角Iに対応する角は　　→　角（　　　　）

⑦ 辺ABに対応する辺は　→　辺（　　　　）

⑧ 辺BCに対応する辺は　→　辺（　　　　）

⑨ 辺HIに対応する辺は　→　辺（　　　　）

⑩ 辺IJに対応する辺は　→　辺（　　　　）

対称な図形 ⑨
対称の中心

点対称な図形では、対応する点を結ぶ直線は対称の中心を通ります。

点Aと点C、点Bと点Dを結んだ直線の交点Oが対称の中心になります。
OA＝OC、OB＝OD です。

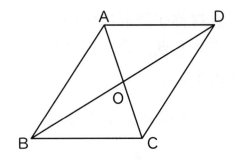

🍎 点対称な図形について、対応する点を直線で結びました。次の問いに答えましょう。

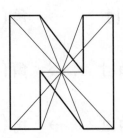

① 5本の直線が交わる点を何といいますか。

（　　　　　　　　　）

② その点から対応する2つの点までの長さはどうなっていますか。

（　　　　　　　　　）

対称な図形 ⑩
対称の中心

 点対称な図形について、対応する点を直線で結びました。
次の問いに答えましょう。

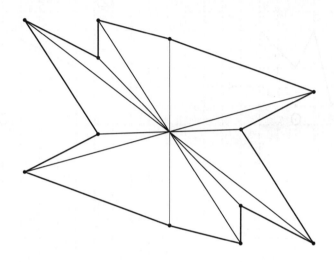

① 　6本の直線が交わる点を何といいますか。

（　　　　　　　　　　）

② 　その点から、対応する2つの点までの長さはどうなってい
ますか。　　　　　　　　（　　　　　　　　　　）

対称な図形 ⑪

作図

てんたいしょう
点対称な図形をかいています。続きをかきましょう。
点Oは対称の中心です。

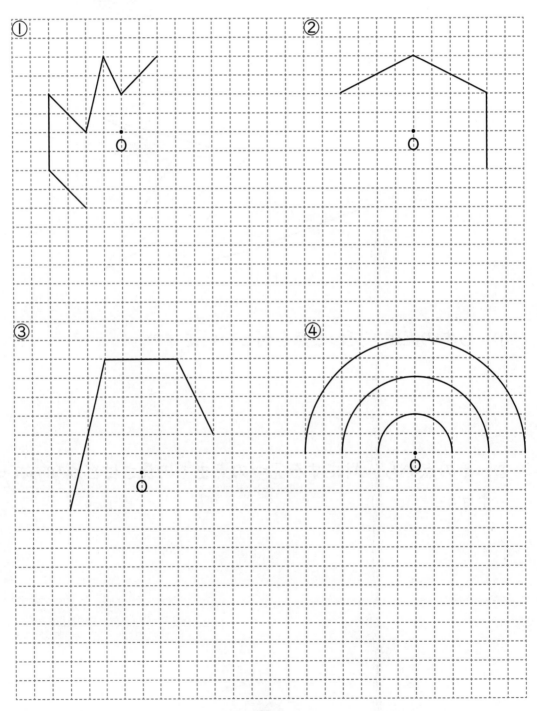

点対称な図形をかきましょう。点Oは対称の中心です。

①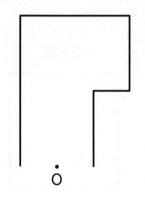

②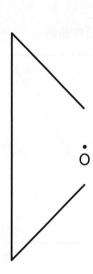

③

④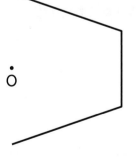

対称な図形 ⑬

いろいろな図形の対称性

🍎 次の図形の満たす対称性に〇をつけ、対称の軸の数を答えましょう。

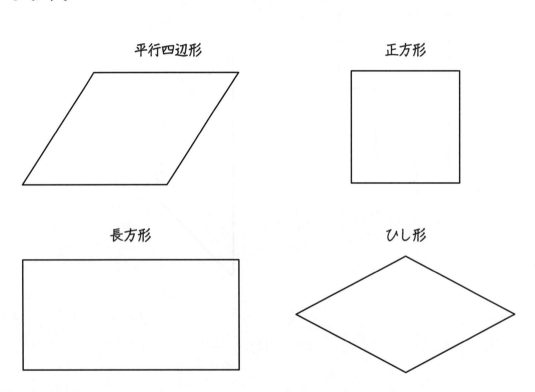

平行四辺形

正方形

長方形

ひし形

	線対称	対称の軸の数	点対称
平行四辺形			
正方形			
長方形			
ひし形			

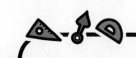

対称な図形 ⑭
いろいろな図形の対称性

次の図形の満たす対称性に〇をつけ、対称の軸の数を答えましょう。

正三角形

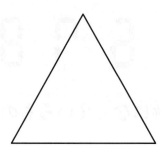

正五角形

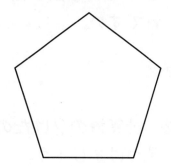

正六角形

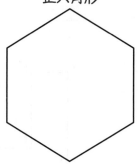

正八角形

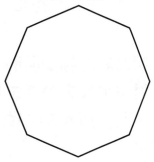

	線対称	対称の軸の数	点対称
正三角形			
正五角形			
正六角形			
正八角形			

月　　日　名前

まとめ ① 対称な図形

/50点

① 計算機の数字を見ます。

① この中で点対称になっている数字はどれですか。　（1つ2点／10点）

0 1 2 3 4
5 6 7 8 9

答え _____

② 計算機の2けたの数字で、点対称になっているものを6つ見つけましょう。

（1つ3点／18点）

答え _____

② 図は線対称な図形を表しています。対称の軸をかきましょう。
また、辺ＡＢに対応する辺はどれですか。

（各6点／12点）

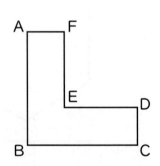

答え _____

③ 図は点Ｏを対称の中心とする点対称な図形です。点Ａに対応する点Ｂをかきましょう。

（10点）

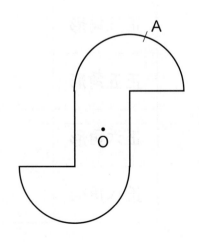

まとめ ②
対称な図形

① 次の㋐〜㋓の図形が線対称であれば○を、そうでなければ✕をかきましょう。

(各10点／40点)

㋐

(　　　　)

㋑

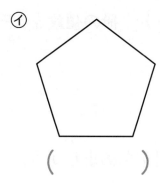

(　　　　)

㋒

(　　　　)

㋓

(　　　　)

② 平行四辺形ABCDは、点Oを中心とする点対称な図形です。

点Xと点Yは対応する点です。

AB＝15cm で DY＝2cm のとき、AXの長さを求めましょう。

(式5点、答え5点／10点)

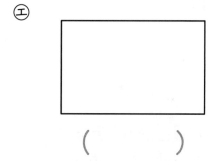

式

答え＿＿＿＿＿＿＿＿＿＿

月　　日 名前

文字と式 ①
代金を表す式

①　１本98円のボールペン３本とノート１冊を買うと、代金は412円でした。ノート１冊の値段は何円ですか。

①　ノート１冊の値段を x 円として、式に表しましょう。

式

②　x 円を求めましょう。

式

答え＿＿＿＿＿＿＿＿＿

②　１個128円のチョコレートを何個かと、325円のクッキーのつめ合わせを買ったら、代金は837円でした。チョコレートは何個買いましたか。

①　チョコレートを x 個買ったとして、式に表しましょう。

式

②　x 個を求めましょう。

式

答え＿＿＿＿＿＿＿＿＿

文字と式 ②
面積を表す式

 底辺の長さが4cmの三角形の面積を表す式を考えます。

①　高さが1cmのとき

三角形の面積＝4×□÷2

②　高さが2cmのとき

三角形の面積＝4×□÷2

③　高さが3cmのとき

三角形の面積＝4×□÷2

④　高さが4cmのとき

三角形の面積＝4×□÷2

⑤　高さが$x$cmのとき、三角形の面積を$y$cm²とします。
　高さと、三角形の面積の関係を文字x、yを使って式にしましょう。

$y=$

文字と式 ③
体積を表す式

 縦が３cm、横が４cm、高さが x cm の直方体の体積を y cm³ とします。

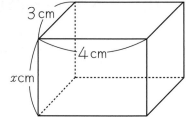

①　直方体の体積 y cm³ を x を使った式で表しましょう。

$$y =$$

②　$x = 3$ cm のとき、直方体の体積を求めましょう。

$$y =$$

答え＿＿＿＿＿＿＿＿＿＿

③　$x = 5$ cm のとき、直方体の体積を求めましょう。

$$y =$$

答え＿＿＿＿＿＿＿＿＿＿

④　$x = 7$ cm のとき、直方体の体積を求めましょう。

$$y =$$

答え＿＿＿＿＿＿＿＿＿＿

文字と式 ④
問題文を表す式

① 48 にある数をたすと、61 になりました。
　　ある数を x として、式をかいて、求めましょう。

式

答え _____

② ある数から 32 を引くと、42 になりました。
　　ある数を x として、式をかいて、求めましょう。

式

答え _____

③ ある数を 3 倍したら、87 になりました。
　　ある数を x として、式をかいて、求めましょう。

式

答え _____

④ ある数を 8 でわったら、12 になりました。
　　ある数を x として、式をかいて、求めましょう。

式

答え _____

文字と式 ⑤
問題文を表す式

① x kg のみかんを箱に入れて重さをはかると $5\frac{7}{20}$ kg でした。箱の重さは 350g です。みかんの重さは何kgですか。

式

答え _____

② 身長 x cmのりょうさんが高さ35cmのふみ台に乗って背をはかったら、1.83mありました。りょうさんの背の高さは何cmですか。

式

答え _____

③ 1箱に x 個チョコレートが入った箱が13箱とバラが9個あります。チョコレートは全部で165個です。

① 1箱にチョコレートは、何個入っていますか。

式

答え _____

② 箱代が1箱95円かかります。チョコレート全部と箱代とで15260円かかりました。チョコレート1個の値段 y 円はいくらですか。

式

答え _____

問題文を表す式

① 針金（はりがね）1mの重さを x gとします。$3\frac{1}{2}$ mの重さは $5\frac{5}{6}$ gです。
針金1mの重さは何gですか。

式

答え _____

② ある数 x を $4\frac{2}{3}$ でわって、$3\frac{4}{5}$ をたすと5になります。
x を求めましょう。

式

答え _____

③ ジュースが $4\frac{17}{20}$ Lあります。友達と15人で x Lずつ飲みましたが、$\frac{3}{5}$ Lあまりました。1人何L飲みましたか。

式

答え _____

まとめ ③
文字と式

① 次のくだものの中から、同じ種類のものを５個買って300円のかごに入れます。

かき　みかん　りんご　なし　　　　　　　かご

100円　110円　120円　130円

① くだもの１個の値段を x 円、代金を y 円として、x と y の関係を式に表しましょう。

(10点)

式

② 代金は900円でした。どのくだものを買いましたか。

(式10点、答え10点／20点)

式

答え _____

② $x \times 4 - 450$ の式で表されるのは、次のどれですか。

(10点)

⑦ 毎日 x ページずつ４日間読んで、あと450ページ残っている本の全部のページ数。

① 450cmのテープから、x cmのテープを４本切り取ったときの残りの長さ。

⑦ 毎月 x 円ずつ４か月間ためたお金で、450円の本を買ったときの残りのお金。

答え _____

③ おはじき３個と50gのビー玉２個の重さの合計をはかります。
おはじき１個の重さを x g、合計の重さを y g として、x と y の関係を式に表しましょう。

(10点)

式

月　日　名前

まとめ ④
文字と式

/50点

★★★
① 210円のドーナツを何個かと420円のロールケーキを1個買います。

(各10点／30点)

① ドーナツの個数を x 個、全部の代金を y 円として、x と y の関係を式に表しましょう。

式

② 全部の代金が840円になったとき、何個のドーナツを買いましたか。

式　　　　　　　　　　　　　　　答え _____

③ 1100円では、ドーナツを何個まで買うことができますか。

式　　　　　　　　　　　　　　　答え _____

★★★
② 底辺が x cm、高さが8cm の直角三角形の面積を、いろいろな考え方で求めました。次の2つの式は、それぞれどの図から考えたものですか。

(各10点／20点)

① （x×8）÷2 （　　　　　）

② （x÷2）×8 （　　　　　）

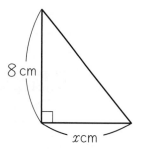

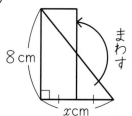
あ

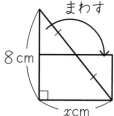
い

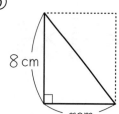
う

分数のかけ算 ①
かけ算の考え方

1dL のペンキで、かべが $\frac{2}{5}$m² ぬれます。

$\frac{2}{3}$dL では、何m² ぬれるか考えます。

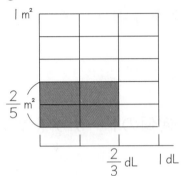

縦を5等分し、横を3等分します。

□の数は 5×3 で 15 個です。

$\frac{2}{5}×\frac{2}{3}$ は ▨ が4個で

$\frac{4}{15}$ になります。

式　$\frac{2}{5}×\frac{2}{3}=\frac{2×2}{5×3}$

$\qquad\quad=\frac{4}{15}\qquad\left(\frac{4}{15}\text{m²}\right)$

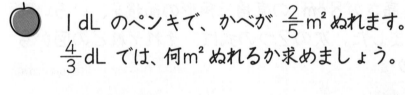

1dL のペンキで、かべが $\frac{2}{5}$m² ぬれます。

$\frac{4}{3}$dL では、何m² ぬれるか求めましょう。

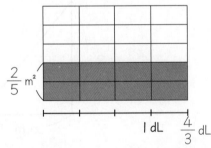

縦5等分、横3等分で、

□の数は 5×3 で 15 個です。

$\frac{2}{5}×\frac{4}{3}$ は ▨ が8個で $\frac{8}{15}$

式　$\frac{2}{5}×\frac{4}{3}=\frac{2×4}{5×3}$

$\qquad\quad=\frac{8}{15}$

答え _____

分数のかけ算 ②
かけ算の考え方

① １時間で $\frac{3}{5}$ a の花だんの手入れをします。$\frac{3}{4}$ 時間では何aの手入れができますか。

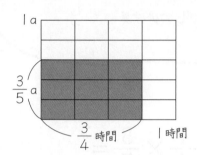

式

答え _____

② １m²の重さが $\frac{7}{8}$ kg のアルミ板があります。このアルミ板 $\frac{3}{5}$ m²の重さは何kgですか。

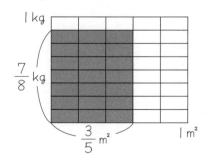

式

答え _____

分数のかけ算 ③
分数×分数（約分なし）

$$\frac{1}{2} \times \frac{1}{3} = \frac{1 \times 1}{2 \times 3}$$
分子どうし、
分母どうしのかけ算
$$= \frac{1}{6}$$

 次の計算をしましょう。

① $\dfrac{1}{5} \times \dfrac{2}{3} =$ 　　　　② $\dfrac{1}{4} \times \dfrac{3}{5} =$

③ $\dfrac{5}{6} \times \dfrac{1}{3} =$ 　　　　④ $\dfrac{3}{7} \times \dfrac{3}{5} =$

⑤ $\dfrac{2}{5} \times \dfrac{3}{7} =$ 　　　　⑥ $\dfrac{3}{4} \times \dfrac{1}{7} =$

⑦ $\dfrac{3}{5} \times \dfrac{1}{8} =$ 　　　　⑧ $\dfrac{1}{4} \times \dfrac{3}{8} =$

分数のかけ算 ④
分数×分数（約分なし）

 次の計算をしましょう。

① $\dfrac{1}{7} \times \dfrac{1}{4} =$　　　　② $\dfrac{1}{2} \times \dfrac{3}{4} =$

③ $\dfrac{2}{9} \times \dfrac{2}{3} =$　　　　④ $\dfrac{2}{3} \times \dfrac{4}{5} =$

⑤ $\dfrac{7}{5} \times \dfrac{3}{8} =$　　　　⑥ $\dfrac{4}{5} \times \dfrac{2}{3} =$

⑦ $\dfrac{5}{7} \times \dfrac{3}{4} =$　　　　⑧ $\dfrac{3}{7} \times \dfrac{2}{5} =$

⑨ $\dfrac{2}{3} \times \dfrac{5}{11} =$　　　　⑩ $\dfrac{3}{4} \times \dfrac{5}{8} =$

分数のかけ算 ⑤

分数×分数（約分1回）

$$\frac{3}{5} \times \frac{2}{3} = \frac{\cancel{3} \times 2}{5 \times \cancel{3}}$$

← 分母の3と
分子の3を
約分する

$$= \frac{2}{5}$$

 次の計算をしましょう。

① $\dfrac{5}{6} \times \dfrac{1}{5} = \dfrac{5 \times 1}{6 \times 5}$

$= \dfrac{}{}$

② $\dfrac{3}{4} \times \dfrac{1}{6} =$

③ $\dfrac{7}{8} \times \dfrac{3}{14} =$

④ $\dfrac{2}{7} \times \dfrac{5}{14} =$

⑤ $\dfrac{5}{9} \times \dfrac{7}{10} =$

⑥ $\dfrac{4}{7} \times \dfrac{5}{6} =$

⑦ $\dfrac{2}{7} \times \dfrac{5}{12} =$

⑧ $\dfrac{8}{9} \times \dfrac{5}{24} =$

分数のかけ算 ⑥
分数×分数（約分１回）

 次の計算をしましょう。

① $\dfrac{3}{4} \times \dfrac{7}{18} =$ 　　　　② $\dfrac{5}{8} \times \dfrac{3}{5} =$

③ $\dfrac{6}{7} \times \dfrac{5}{12} =$ 　　　　④ $\dfrac{7}{10} \times \dfrac{1}{21} =$

⑤ $\dfrac{4}{9} \times \dfrac{5}{24} =$ 　　　　⑥ $\dfrac{8}{5} \times \dfrac{3}{16} =$

⑦ $\dfrac{3}{8} \times \dfrac{5}{9} =$ 　　　　⑧ $\dfrac{5}{9} \times \dfrac{1}{25} =$

⑨ $\dfrac{3}{4} \times \dfrac{7}{27} =$ 　　　　⑩ $\dfrac{3}{10} \times \dfrac{1}{6} =$

分数のかけ算 ⑦

分数×分数（約分1回）

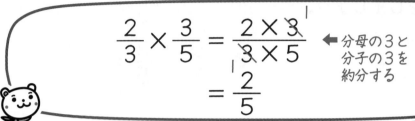

$$\frac{2}{3} \times \frac{3}{5} = \frac{2 \times \overset{1}{\cancel{3}}}{\underset{1}{\cancel{3}} \times 5}$$

$$= \frac{2}{5}$$

← 分母の3と
　分子の3を
　約分する

 次の計算をしましょう。

① $\dfrac{5}{6} \times \dfrac{2}{3} = \dfrac{5 \times 2}{6 \times 3}$

② $\dfrac{5}{12} \times \dfrac{4}{7} =$

$= \dfrac{}{}$

③ $\dfrac{3}{8} \times \dfrac{2}{5} =$

④ $\dfrac{4}{15} \times \dfrac{5}{11} =$

⑤ $\dfrac{5}{9} \times \dfrac{3}{8} =$

⑥ $\dfrac{7}{15} \times \dfrac{5}{8} =$

⑦ $\dfrac{3}{7} \times \dfrac{7}{8} =$

⑧ $\dfrac{7}{12} \times \dfrac{3}{8} =$

分数のかけ算 ⑧

分数×分数（約分１回）

 次の計算をしましょう。

① $\dfrac{3}{7} \times \dfrac{7}{10} =$　　　　② $\dfrac{3}{4} \times \dfrac{2}{7} =$

③ $\dfrac{1}{27} \times \dfrac{3}{4} =$　　　　④ $\dfrac{7}{20} \times \dfrac{5}{6} =$

⑤ $\dfrac{5}{16} \times \dfrac{2}{7} =$　　　　⑥ $\dfrac{5}{8} \times \dfrac{2}{3} =$

⑦ $\dfrac{5}{6} \times \dfrac{8}{9} =$　　　　⑧ $\dfrac{5}{24} \times \dfrac{6}{11} =$

⑨ $\dfrac{4}{21} \times \dfrac{7}{9} =$　　　　⑩ $\dfrac{3}{5} \times \dfrac{15}{19} =$

月　　日　名前

分数のかけ算 ⑨

分数×分数（約分2回）

$$\frac{4}{5} \times \frac{5}{8} = \frac{\overset{1}{\cancel{4}} \times \overset{1}{\cancel{5}}}{\underset{1}{\cancel{5}} \times \underset{2}{\cancel{8}}}$$

← 分母の5と分子の5を約分
分母の8と分子の4を約分

$$= \frac{1}{2}$$

 次の計算をしましょう。

①　$\dfrac{5}{6} \times \dfrac{2}{5} = \dfrac{5 \times 2}{6 \times 5}$

$$= \frac{}{}$$

②　$\dfrac{3}{4} \times \dfrac{2}{3} =$

③　$\dfrac{7}{9} \times \dfrac{3}{7} =$

④　$\dfrac{2}{5} \times \dfrac{5}{14} =$

⑤　$\dfrac{3}{4} \times \dfrac{4}{9} =$

⑥　$\dfrac{5}{7} \times \dfrac{7}{10} =$

⑦　$\dfrac{3}{5} \times \dfrac{5}{21} =$

⑧　$\dfrac{4}{21} \times \dfrac{3}{4} =$

分数のかけ算 ⑩

分数×分数（約分2回）

 次の計算をしましょう。

① $\dfrac{7}{8} \times \dfrac{4}{21} =$

② $\dfrac{5}{14} \times \dfrac{7}{10} =$

③ $\dfrac{7}{15} \times \dfrac{5}{21} =$

④ $\dfrac{25}{28} \times \dfrac{14}{15} =$

⑤ $\dfrac{5}{32} \times \dfrac{8}{15} =$

⑥ $\dfrac{5}{12} \times \dfrac{4}{5} =$

⑦ $\dfrac{3}{10} \times \dfrac{5}{9} =$

⑧ $\dfrac{9}{16} \times \dfrac{10}{27} =$

⑨ $\dfrac{5}{21} \times \dfrac{9}{10} =$

⑩ $\dfrac{7}{8} \times \dfrac{6}{35} =$

分数のかけ算 ⑪

分数×整数（約分なし）

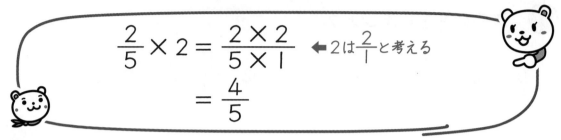

$$\frac{2}{5} \times 2 = \frac{2 \times 2}{5 \times 1} \quad \leftarrow 2は\frac{2}{1}と考える$$

$$= \frac{4}{5}$$

 次の計算をしましょう。

① $\dfrac{1}{5} \times 2 =$　　　　　② $\dfrac{1}{3} \times 2 =$

③ $\dfrac{1}{6} \times 5 =$　　　　　④ $\dfrac{3}{7} \times 2 =$

⑤ $\dfrac{4}{9} \times 2 =$　　　　　⑥ $\dfrac{3}{10} \times 3 =$

⑦ $\dfrac{1}{12} \times 7 =$　　　　　⑧ $\dfrac{2}{15} \times 4 =$

分数のかけ算 ⑫
分数×整数（約分あり）

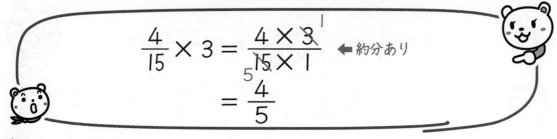

$$\frac{4}{15} \times 3 = \frac{4 \times 3}{15 \times 1} \quad \leftarrow 約分あり$$
$$= \frac{4}{5}$$

 次の計算をしましょう。

① $\dfrac{1}{6} \times 3 =$

② $\dfrac{1}{8} \times 2 =$

③ $\dfrac{5}{16} \times 2 =$

④ $\dfrac{2}{21} \times 7 =$

⑤ $\dfrac{3}{25} \times 5 =$

⑥ $\dfrac{3}{20} \times 6 =$

⑦ $\dfrac{1}{24} \times 9 =$

⑧ $\dfrac{7}{30} \times 4 =$

分数のかけ算 ⑬

整数×分数（約分なし）

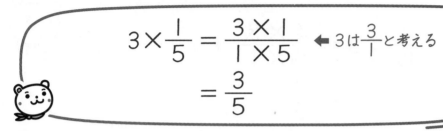

$$3 \times \frac{1}{5} = \frac{3 \times 1}{1 \times 5}$$ ← 3は $\frac{3}{1}$ と考える

$$= \frac{3}{5}$$

🍎 次の計算をしましょう。

① $2 \times \frac{2}{5} =$

② $3 \times \frac{1}{7} =$

③ $4 \times \frac{1}{5} =$

④ $3 \times \frac{1}{8} =$

⑤ $5 \times \frac{1}{8} =$

⑥ $6 \times \frac{1}{7} =$

⑦ $8 \times \frac{1}{9} =$

⑧ $4 \times \frac{2}{11} =$

月　　日 名前

分数のかけ算 ⑭
整数×分数（約分あり）

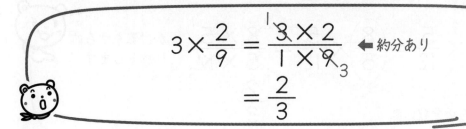

$$3 \times \frac{2}{9} = \frac{\overset{1}{3} \times 2}{1 \times \underset{3}{9}}$$ ← 約分あり

$$= \frac{2}{3}$$

🍎 次の計算をしましょう。答えの仮分数はそのままで構いません。

① $3 \times \dfrac{2}{15} =$　　　　② $4 \times \dfrac{3}{8} =$

③ $3 \times \dfrac{5}{12} =$　　　　④ $6 \times \dfrac{5}{36} =$

⑤ $3 \times \dfrac{5}{21} =$　　　　⑥ $8 \times \dfrac{3}{32} =$

⑦ $9 \times \dfrac{5}{72} =$　　　　⑧ $8 \times \dfrac{1}{24} =$

分数のかけ算 ⑮

帯分数のかけ算

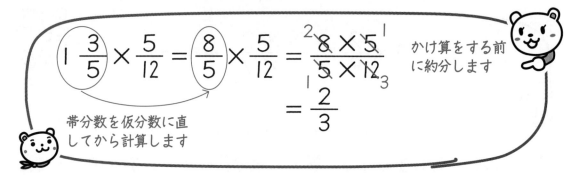

$$1\frac{3}{5} \times \frac{5}{12} = \frac{8}{5} \times \frac{5}{12} = \frac{\overset{2}{8} \times \overset{1}{5}}{\underset{1}{5} \times \underset{3}{12}} = \frac{2}{3}$$

かけ算をする前に約分します

帯分数を仮分数に直してから計算します

次の計算をしましょう。答えの仮分数は、帯分数にしましょう。

①　$2\frac{4}{5} \times \frac{5}{7} =$

②　$3\frac{3}{4} \times \frac{2}{5} =$

③　$2\frac{2}{5} \times 1\frac{7}{8} =$

④　$1\frac{1}{5} \times 2\frac{7}{9} =$

⑤　$3\frac{1}{3} \times 4\frac{1}{5} =$

⑥　$\frac{3}{11} \times 1\frac{2}{9} =$

⑦　$1\frac{1}{8} \times 1\frac{1}{3} =$

⑧　$1\frac{4}{5} \times 2\frac{2}{9} =$

月　　日 名前

分数のかけ算 ⑯
帯分数のかけ算

 次の計算をしましょう。答えの仮分数は、帯分数にしましょう。

① $2\frac{1}{2} \times 2\frac{2}{5} =$　　　　② $1\frac{3}{4} \times 2\frac{4}{7} =$

③ $2\frac{6}{7} \times 2\frac{1}{10} =$　　　　④ $2\frac{2}{9} \times 6\frac{3}{5} =$

⑤ $1\frac{1}{11} \times 8\frac{1}{4} =$　　　　⑥ $5\frac{1}{2} \times 1\frac{9}{11} =$

⑦ $8\frac{2}{3} \times 1\frac{2}{13} =$　　　　⑧ $1\frac{5}{13} \times 4\frac{7}{8} =$

⑨ $2\frac{1}{7} \times 9\frac{1}{3} =$　　　　⑩ $2\frac{5}{8} \times 2\frac{2}{7} =$

文章題

① 1m の重さが $2\frac{4}{9}$ kg の鉄の棒（ぼう）があります。 この鉄の棒 $3\frac{3}{8}$ m の重さは何kgですか。帯分数で答えましょう。

式

答え ＿＿＿＿＿＿＿＿

② 底辺が $8\frac{2}{5}$ cm、高さが $7\frac{1}{7}$ cm の三角形の面積を求めましょう。

式

答え ＿＿＿＿＿＿＿＿

③ 縦（たて）$3\frac{8}{9}$ m、横 $5\frac{1}{7}$ m の長方形の花だんの面積を求めましょう。

式

答え ＿＿＿＿＿＿＿＿

④ 対角線の長さが $2\frac{1}{24}$ m と $1\frac{19}{35}$ m のひし形の面積を帯分数で求めましょう。

式

答え ＿＿＿＿＿＿＿＿

月　　日 名前

分数のかけ算 ⑱
文章題

① 面積が $18\frac{2}{3}$ m² の花だんの $\frac{6}{7}$ に花を植えました。花を植えた
ところの面積は何m² ですか。

式

答え _____

② 底辺 $1\frac{2}{3}$ cm、高さ $2\frac{1}{4}$ cm の三角形の面積を帯分数で求めま
しょう。

式

答え _____

③ 縦 $5\frac{2}{5}$ m、横 $2\frac{2}{9}$ m、高さ $3\frac{3}{4}$ m の直方体の体積を求めま
しょう。

式

答え _____

④ 高速道路を時速90kmで $1\frac{2}{3}$ 時間走りました。何km進みまし
たか。

式

答え _____

47

分数のかけ算 ⑲
逆数

かけ算した結果の積が１になる数を考えます。

$\frac{3}{5}$に何をかけると１になるか。 $\frac{3}{5} \times \frac{5}{3} = 1$

４に何をかけると１になるか。 $4 \times \frac{1}{4} = 1$

このように、２つの数の積が１になるとき、一方の数を他方の数の 逆数 といいます。

 次の数の逆数を求めましょう。

① $\frac{2}{5} \rightarrow$　　　　② $\frac{2}{7} \rightarrow$　　　　③ $\frac{3}{4} \rightarrow$

④ $\frac{1}{2} \rightarrow$　　　　⑤ $\frac{1}{3} \rightarrow$　　　　⑥ $\frac{1}{5} \rightarrow$

⑦ $4 \rightarrow$　　　　⑧ $6 \rightarrow$　　　　⑨ $7 \rightarrow$

⑩ $1\frac{1}{2} \rightarrow$　　　　⑪ $1\frac{1}{3} \rightarrow$　　　　⑫ $1\frac{2}{5} \rightarrow$

分数のかけ算 ⑳
逆数

小数の逆数を求めるときには、まず小数を分数に直してから逆数を求めます。

$$0.7 = \frac{7}{10} \quad \rightarrow \quad 逆数は \quad \frac{10}{7}$$

$$1.3 = \frac{13}{10} \quad \rightarrow \quad 逆数は \quad \frac{10}{13}$$

 次の数の逆数を求めましょう。

① $0.3 = \rule{1cm}{0.4pt} \rightarrow$　　　　② $1.7 = \rule{1cm}{0.4pt} \rightarrow$

③ $0.1 = \rule{1cm}{0.4pt} \rightarrow$　　　　④ $1.1 = \rule{1cm}{0.4pt} \rightarrow$

⑤ $0.2 = \rule{1cm}{0.4pt} \rightarrow$　　　　⑥ $0.5 = \rule{1cm}{0.4pt} \rightarrow$

⑦ $1.2 = \rule{1cm}{0.4pt} \rightarrow$　　　　⑥ $1.5 = \rule{1cm}{0.4pt} \rightarrow$

⑨ $1.6 = \rule{1cm}{0.4pt} \rightarrow$　　　　⑩ $1.8 = \rule{1cm}{0.4pt} \rightarrow$

月　　日　名前

まとめ ⑤
分数のかけ算

/50点

 ① 次の計算をしましょう。

(各5点／30点)

① $\dfrac{4}{7} \times \dfrac{5}{6} =$

② $\dfrac{3}{4} \times \dfrac{2}{7} =$

③ $\dfrac{7}{8} \times \dfrac{4}{21} =$

④ $\dfrac{9}{16} \times \dfrac{10}{27} =$

⑤ $\dfrac{5}{16} \times 2 =$

⑥ $1\dfrac{3}{4} \times 2\dfrac{4}{7} =$

② 1dLで $\dfrac{5}{9}$ m² の板がぬれるペンキがあります。このペンキ $\dfrac{4}{5}$ dLでは、何m² の板がぬれますか。

(図2点、式3点、答え5点／10点)

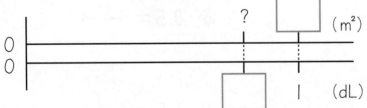

式 　　　　　　　　　　　　　　　　答え _____

③ 1Lの重さが $\dfrac{8}{9}$ kgの米があります。この米 $2\dfrac{1}{4}$ L の重さは 何kgですか。

(式5点、答え5点／10点)

式 　　　　　　　　　　　　　　　　答え _____

月　　日 名前

まとめ ⑥
分数のかけ算

/50点

★★
① 次の図形の面積・体積を求めましょう。　　（式5点、答え5点／30点）

① 底辺 $2\frac{2}{3}$ cm、高さ $2\frac{1}{4}$ cmの三角形の面積を答えましょう。

式

答え _____

② 底辺が $2\frac{4}{7}$ m、高さが $1\frac{3}{4}$ mの平行四辺形の面積を帯分数で答えましょう。

式

答え _____

③ 縦が $6\frac{1}{4}$ cm、横が $2\frac{2}{9}$ cm、高さが $3\frac{3}{4}$ cmの直方体の体積を帯分数で答えましょう。

式

答え _____

★★★
② 面積が $8\frac{2}{5}$ m² の花だんの $\frac{6}{7}$ に花を植えました。花を植えた面積は何m² ですか。帯分数で答えましょう。　　（式5点、答え5点／10点）

式

答え _____

★★★
③ ⑤、⑧、⑩ の3つの数をあてはめて、式を完成させます。すべての場合を答えましょう。　　（式1つ5点／10点）

$$\frac{\square}{3} \times \frac{2}{\square} \times \frac{6}{\square} = 1 \qquad \frac{\square}{3} \times \frac{2}{\square} \times \frac{6}{\square} = 1$$

分数のわり算 ①
わり算の考え方

$\frac{2}{5}$m² のかべをぬるのに、ペンキ $\frac{3}{4}$dL 使います。

ペンキ1dLで何m² のかべがぬれますか。

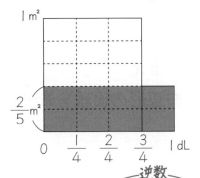

☐ 1つ分の大きさは$\frac{1}{15}$です。

■ は1dLでぬれる大きさで8個で

$\frac{8}{15}$ になります。

式　$\dfrac{2}{5} \div \dfrac{3}{4} = \dfrac{2}{5} \times \dfrac{4}{3} = \dfrac{2 \times 4}{5 \times 3}$

逆数

$$= \frac{8}{15} \qquad \left(\frac{8}{15}\text{m²}\right)$$

🍎 $\frac{2}{5}$m² のかべをぬるのに、ペンキ $\frac{5}{4}$dL 使います。

ペンキ1dLで何m² のかべがぬれますか。

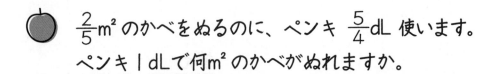

☐ 1つ分の大きさは$\frac{1}{25}$です。

■ は1dLでぬれる大きさ8個で

$\frac{8}{25}$

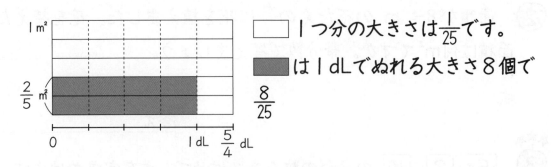

式　$\dfrac{2}{5} \div \dfrac{5}{4} = \dfrac{2}{5} \times \dfrac{4}{5} = \dfrac{2 \times 4}{5 \times 5}$

$$= \frac{8}{25}$$

答え＿＿＿＿＿＿＿＿＿＿

分数のわり算 ②
わり算の考え方

 $\frac{4}{5}$ m² のかべをぬるのに、ペンキを $\frac{2}{3}$ dL 使います。

ペンキ1dL では、何m² のかべがぬれますか。

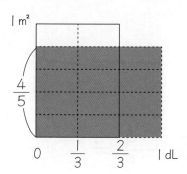

式

答え _____

② $\frac{4}{5}$ ha 耕すのに $\frac{3}{5}$ 時間かかるトラクターで、1時間耕すと

何haになりますか。

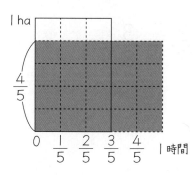

式

答え _____

分数のわり算 ③

分数÷分数（約分なし）

$$\frac{1}{6} \div \frac{3}{5} = \frac{1\times5}{6\times3}$$

← $\frac{1}{6}\times\frac{5}{3}$ は省略

$$= \frac{5}{18}$$

 次の計算をしましょう。

① $\frac{2}{5} \div \frac{3}{4} =$

② $\frac{3}{7} \div \frac{4}{5} =$

③ $\frac{1}{4} \div \frac{3}{5} =$

④ $\frac{1}{10} \div \frac{2}{3} =$

⑤ $\frac{3}{5} \div \frac{2}{3} =$

⑥ $\frac{2}{9} \div \frac{3}{8} =$

⑦ $\frac{5}{9} \div \frac{3}{5} =$

⑧ $\frac{2}{7} \div \frac{3}{4} =$

54

月　　日 名前

分数のわり算 ④
分数÷分数（約分なし）

 次の計算をしましょう。答えの仮分数はそのままで構いません。

① $\dfrac{3}{8} \div \dfrac{2}{3} =$

② $\dfrac{5}{9} \div \dfrac{6}{7} =$

③ $\dfrac{1}{10} \div \dfrac{3}{7} =$

④ $\dfrac{5}{7} \div \dfrac{4}{5} =$

⑤ $\dfrac{3}{10} \div \dfrac{5}{9} =$

⑥ $\dfrac{1}{6} \div \dfrac{2}{5} =$

⑦ $\dfrac{3}{4} \div \dfrac{5}{7} =$

⑧ $\dfrac{7}{8} \div \dfrac{2}{3} =$

⑨ $\dfrac{3}{5} \div \dfrac{1}{4} =$

⑩ $\dfrac{5}{6} \div \dfrac{3}{7} =$

分数のわり算 ⑤
分数÷分数（約分１回）

$$\frac{5}{9} \div \frac{5}{8} = \frac{\cancel{5} \times 8}{9 \times \cancel{5}} \quad \leftarrow 約分あり$$

$$= \frac{8}{9}$$

 次の計算をしましょう。

① $\dfrac{2}{3} \div \dfrac{4}{5} =$

② $\dfrac{5}{6} \div \dfrac{10}{11} =$

③ $\dfrac{4}{9} \div \dfrac{12}{13} =$

④ $\dfrac{2}{5} \div \dfrac{4}{7} =$

⑤ $\dfrac{3}{10} \div \dfrac{6}{7} =$

⑥ $\dfrac{7}{8} \div \dfrac{7}{5} =$

⑦ $\dfrac{5}{7} \div \dfrac{5}{6} =$

⑧ $\dfrac{8}{15} \div \dfrac{4}{7} =$

分数のわり算 ⑥
分数÷分数（約分1回）

 次の計算をしましょう。答えの仮分数はそのままで構いません。

① $\dfrac{5}{9} \div \dfrac{10}{13} =$

② $\dfrac{6}{7} \div \dfrac{18}{19} =$

③ $\dfrac{3}{8} \div \dfrac{3}{7} =$

④ $\dfrac{4}{7} \div \dfrac{2}{3} =$

⑤ $\dfrac{3}{8} \div \dfrac{3}{5} =$

⑥ $\dfrac{4}{9} \div \dfrac{6}{7} =$

⑦ $\dfrac{8}{11} \div \dfrac{4}{9} =$

⑧ $\dfrac{3}{5} \div \dfrac{9}{11} =$

⑨ $\dfrac{7}{9} \div \dfrac{14}{17} =$

⑩ $\dfrac{7}{8} \div \dfrac{7}{9} =$

分数のわり算 ⑦
分数÷分数（約分１回）

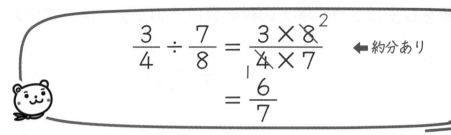

$$\frac{3}{4} \div \frac{7}{8} = \frac{3 \times \overset{2}{\cancel{8}}}{\underset{1}{\cancel{4}} \times 7}$$

←約分あり

$$= \frac{6}{7}$$

🍎 次の計算をしましょう。

① $\dfrac{3}{4} \div \dfrac{5}{6} =$

② $\dfrac{5}{9} \div \dfrac{2}{3} =$

③ $\dfrac{1}{6} \div \dfrac{5}{12} =$

④ $\dfrac{2}{3} \div \dfrac{5}{6} =$

⑤ $\dfrac{3}{5} \div \dfrac{7}{10} =$

⑥ $\dfrac{2}{7} \div \dfrac{5}{7} =$

⑦ $\dfrac{7}{18} \div \dfrac{5}{9} =$

⑧ $\dfrac{7}{16} \div \dfrac{5}{8} =$

分数のわり算 ⑧

分数÷分数（約分１回）

 次の計算をしましょう。答えの仮分数はそのままで構いません。

① $\dfrac{3}{8} \div \dfrac{5}{6} =$

② $\dfrac{2}{9} \div \dfrac{7}{18} =$

③ $\dfrac{7}{20} \div \dfrac{5}{12} =$

④ $\dfrac{4}{5} \div \dfrac{9}{10} =$

⑤ $\dfrac{5}{16} \div \dfrac{3}{8} =$

⑥ $\dfrac{2}{3} \div \dfrac{7}{18} =$

⑦ $\dfrac{5}{14} \div \dfrac{2}{7} =$

⑧ $\dfrac{5}{12} \div \dfrac{3}{8} =$

⑨ $\dfrac{3}{4} \div \dfrac{1}{8} =$

⑩ $\dfrac{1}{3} \div \dfrac{1}{9} =$

分数のわり算 ⑨
分数÷分数（約分２回）

$$\frac{3}{8} \div \frac{3}{4} = \frac{\overset{1}{3} \times \overset{1}{4}}{\underset{2}{8} \times \underset{1}{3}}$$ ←約分２回

$$= \frac{1}{2}$$

 次の計算をしましょう。

① $\dfrac{5}{8} \div \dfrac{15}{16} =$

② $\dfrac{2}{9} \div \dfrac{2}{3} =$

③ $\dfrac{3}{4} \div \dfrac{9}{10} =$

④ $\dfrac{5}{27} \div \dfrac{5}{9} =$

⑤ $\dfrac{2}{5} \div \dfrac{4}{5} =$

⑥ $\dfrac{2}{3} \div \dfrac{8}{9} =$

⑦ $\dfrac{10}{21} \div \dfrac{5}{7} =$

⑧ $\dfrac{7}{24} \div \dfrac{7}{12} =$

分数のわり算 ⑩

分数÷分数（約分２回）

 次の計算をしましょう。答えの仮分数はそのままで構いません。

① $\dfrac{2}{7} \div \dfrac{6}{7} =$

② $\dfrac{3}{8} \div \dfrac{9}{10} =$

③ $\dfrac{2}{25} \div \dfrac{4}{5} =$

④ $\dfrac{9}{26} \div \dfrac{6}{13} =$

⑤ $\dfrac{7}{12} \div \dfrac{14}{15} =$

⑥ $\dfrac{7}{24} \div \dfrac{35}{36} =$

⑦ $\dfrac{3}{5} \div \dfrac{6}{15} =$

⑧ $\dfrac{5}{6} \div \dfrac{5}{16} =$

⑨ $\dfrac{7}{9} \div \dfrac{14}{27} =$

⑩ $\dfrac{9}{8} \div \dfrac{3}{4} =$

分数のわり算 ⑪
分数÷整数（約分なし）

$$\frac{3}{5} \div 2 = \frac{3 \times 1}{5 \times 2}$$

← 2は$\frac{2}{1}$と考えて

逆数は$\frac{1}{2}$

$$= \frac{3}{10}$$

 次の計算をしましょう。

① $\frac{1}{2} \div 4 =$

② $\frac{2}{3} \div 3 =$

③ $\frac{5}{6} \div 4 =$

④ $\frac{3}{7} \div 5 =$

⑤ $\frac{5}{9} \div 2 =$

⑥ $\frac{7}{8} \div 3 =$

⑦ $\frac{11}{15} \div 3 =$

⑧ $\frac{5}{16} \div 3 =$

月　　日 名前

分数のわり算 ⑫
分数÷整数（約分あり）

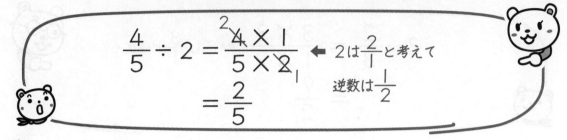

$$\frac{4}{5} \div 2 = \frac{\overset{2}{4} \times 1}{5 \times \underset{1}{2}} \quad \leftarrow \text{2は} \frac{2}{1} \text{と考えて}$$

$$= \frac{2}{5} \qquad\qquad \text{逆数は} \frac{1}{2}$$

 次の計算をしましょう。

① $\frac{4}{7} \div 4 =$ 　　　　② $\frac{3}{14} \div 3 =$

③ $\frac{8}{11} \div 4 =$ 　　　　④ $\frac{5}{12} \div 10 =$

⑤ $\frac{14}{15} \div 7 =$ 　　　　⑥ $\frac{4}{7} \div 14 =$

⑦ $\frac{8}{9} \div 28 =$ 　　　　⑧ $\frac{6}{13} \div 9 =$

分数のわり算 ⑬

整数÷分数（約分なし）

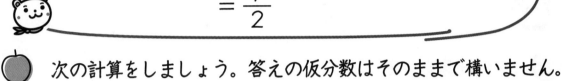

$$3 \div \frac{2}{3} = \frac{3 \times 3}{1 \times 2}$$ ← 3は$\frac{3}{1}$と考える

$$= \frac{9}{2}$$

🍎 次の計算をしましょう。答えの仮分数はそのままで構いません。

① $5 \div \frac{3}{4} =$

② $7 \div \frac{2}{3} =$

③ $4 \div \frac{5}{9} =$

④ $2 \div \frac{3}{4} =$

⑤ $3 \div \frac{5}{3} =$

⑥ $2 \div \frac{7}{8} =$

⑦ $3 \div \frac{5}{7} =$

⑧ $9 \div \frac{8}{7} =$

月　　日　名前

分数のわり算 ⑭
整数÷分数（約分あり）

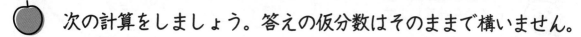

$$6 \div \frac{3}{5} = \frac{\overset{2}{6} \times 5}{1 \times \underset{1}{3}}$$

← 6は$\frac{6}{1}$と考える

約分あり

$$= 10$$

🍎 次の計算をしましょう。答えの仮分数はそのままで構いません。

① $6 \div \frac{4}{7} =$

② $4 \div \frac{2}{3} =$

③ $9 \div \frac{15}{7} =$

④ $8 \div \frac{6}{5} =$

⑤ $10 \div \frac{5}{3} =$

⑥ $12 \div \frac{8}{5} =$

⑦ $16 \div \frac{8}{9} =$

⑧ $18 \div \frac{3}{7} =$

月　　日　名前

分数のわり算 ⑮
帯分数のわり算

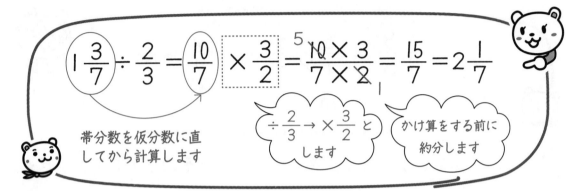

$$1\frac{3}{7} \div \frac{2}{3} = \frac{10}{7} \times \frac{3}{2} = \frac{\overset{5}{\cancel{10}} \times 3}{7 \times \cancel{2}} = \frac{15}{7} = 2\frac{1}{7}$$

帯分数を仮分数に直してから計算します

$\div \frac{2}{3} \rightarrow \times \frac{3}{2}$ とします

かけ算をする前に約分します

🍎　次の計算をしましょう。答えの仮分数は、帯分数にしましょう。

①　$4\frac{2}{3} \div \frac{7}{9} =$

②　$1\frac{1}{11} \div \frac{8}{55} =$

③　$4\frac{1}{6} \div 1\frac{7}{8} =$

④　$1\frac{2}{3} \div 2\frac{2}{9} =$

⑤　$4\frac{1}{6} \div 3\frac{3}{4} =$

⑥　$\frac{15}{22} \div 1\frac{1}{4} =$

⑦　$3\frac{3}{8} \div 2\frac{1}{4} =$

⑧　$3\frac{1}{9} \div 2\frac{1}{3} =$

帯分数のわり算

 次の計算をしましょう。答えの仮分数は、帯分数にしましょう。

① $1\dfrac{3}{10} \div 5\dfrac{1}{5} =$

② $1\dfrac{2}{5} \div 2\dfrac{1}{10} =$

③ $1\dfrac{3}{8} \div 2\dfrac{3}{4} =$

④ $1\dfrac{4}{11} \div 2\dfrac{1}{22} =$

⑤ $2\dfrac{4}{5} \div 1\dfrac{13}{15} =$

⑥ $1\dfrac{5}{9} \div 2\dfrac{1}{3} =$

⑦ $1\dfrac{3}{4} \div 2\dfrac{5}{8} =$

⑧ $2\dfrac{1}{7} \div 1\dfrac{11}{14} =$

⑨ $2\dfrac{5}{8} \div 1\dfrac{3}{4} =$

⑩ $3\dfrac{1}{9} \div 1\dfrac{1}{3} =$

分数のわり算 ⑰
文章題

① $3\frac{8}{9}$ m² のかべをぬるのに、$9\frac{1}{3}$ dLのペンキを使いました。
1 dLでは何m² ぬれますか。

式

答え _____

② 花だんの $\frac{4}{5}$ に花が植えてあります。花が植えてある面積は
8 m² です。花だんの広さは何m² ですか。

式

答え _____

③ ジュースを $1\frac{4}{5}$ L買って、171円はらいました。1 Lだといく
らになりますか。

式

答え _____

④ $45\frac{1}{3}$ mのリボンがあります。$\frac{4}{9}$ mずつ切ると、何本できま
すか。

式

答え _____

① □にあてはまる数を求めましょう。

① □人の $1\frac{2}{5}$ は 35 人です。

式

答え _____

② $2\frac{1}{3}$ kgは □ kgの $\frac{7}{9}$ です。

式

答え _____

② A駅からB駅までの 250km を新幹線で行くと $\frac{5}{6}$ 時間かかりました。この新幹線の時速は何kmですか。

式

答え _____

月　　日 名前

まとめ ⑦
分数のわり算

/50点

① 次の計算をしましょう。答えの仮分数はそのままで構いません。

(各5点／30点)

① $\dfrac{5}{9} \div \dfrac{10}{13} =$　　　　② $\dfrac{3}{8} \div \dfrac{5}{6} =$

③ $\dfrac{2}{9} \div \dfrac{2}{3} =$　　　　④ $\dfrac{2}{5} \div \dfrac{4}{5} =$

⑤ $8 \div \dfrac{6}{5} =$　　　　⑥ $4\dfrac{1}{6} \div 1\dfrac{7}{8} =$

② $\dfrac{2}{3}$L の重さが $\dfrac{7}{8}$kgの油があります。この油１Lの重さは何kgですか。答えの仮分数はそのままで構いません。

(図2点、式3点、答え5点／10点)

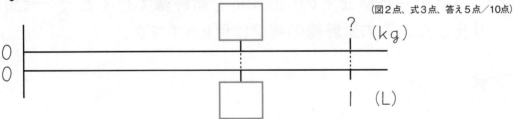

式　　　　　　　　　　　　　　　答え _____

③ $\dfrac{5}{9}$mのひもを $\dfrac{1}{18}$mずつ切ります。$\dfrac{1}{18}$mのひもは何本できますか。

(式5点、答え5点／10点)

式　　　　　　　　　　　　　　　答え _____

まとめ ⑧
分数のわり算

/50点

① 面積が18cm²の平行四辺形があり、高さは$\frac{2}{3}$cmです。底辺の長さを求めましょう。

(式5点、答え5点／10点)

式

答え _____

② $4\frac{1}{2}$kgの板のうち、$1\frac{1}{2}$kg を切り取りました。はじめの量を1とすると、切り取った量はどれだけにあたりますか。

(式5点、答え5点／10点)

式

答え _____

③ 機械で21aの草を$1\frac{3}{4}$時間でかりました。

(式5点、答え5点／20点)

① 1時間あたり何aの草をかりましたか。

式

答え _____

② 100aの草をかるとすると、何時間かかりますか。

式

答え _____

④ 本を64ページまで読みました。これは本全体ページの$\frac{2}{11}$です。この本の総ページ数を求めましょう。

(式5点、答え5点／10点)

式

答え _____

月　　日 名前

いろいろな分数 ①
時間と分数

① 何時間ですか。分数で表しましょう。

① $20分 = \dfrac{20}{60}$ 時間 $\underset{約分}{=}$ ☐ 時間

答え　　　　　時間

② $40分 =$

答え　　　　　時間

③ $15分 =$

答え　　　　　時間

④ $5分 =$

答え　　　　　時間

⑤ $12分 =$

答え　　　　　時間

② 何分ですか。分数で表しましょう。

① $15秒 = \dfrac{15}{60}$ 分 $=$ ☐ 分
　　　　1分間=60秒

答え　　　　　分

② $45秒 =$

答え　　　　　分

③ $24秒 =$

答え　　　　　分

④ $80秒 =$

答え　　　　　分

いろいろな分数 ②
時間と分数

 何分ですか。

① $\dfrac{3}{4}$ 時間　　１時間＝60分 $60 \times \dfrac{3}{4} = \dfrac{60 \times 3}{1 \times 4} = \boxed{}$ 分

答え ＿＿＿＿＿＿＿ 分

② $\dfrac{1}{3}$ 時間

答え ＿＿＿＿＿＿＿ 分

③ $\dfrac{5}{6}$ 時間

答え ＿＿＿＿＿＿＿ 分

④ $\dfrac{3}{5}$ 時間

答え ＿＿＿＿＿＿＿ 分

⑤ $\dfrac{7}{6}$ 時間

答え ＿＿＿＿＿＿＿ 分

⑥ $\dfrac{8}{15}$ 時間

答え ＿＿＿＿＿＿＿ 分

⑦ $\dfrac{1}{2}$ 時間

答え ＿＿＿＿＿＿＿ 分

いろいろな分数 ③
分数の倍

① 持っていたおこづかいの $\frac{3}{5}$ で、630円の本を買いました。
はじめのおこづかいは何円ですか。

式　 はじめのおこづかい $\times \frac{3}{5} = 630$

$630 \div \frac{3}{5} =$

答え _____

② 花だんの $\frac{3}{16}$ に24本の花があります。花だん全体では、花は
何本ありますか。

式

答え _____

③ 全体の人数の $\frac{9}{26}$ が36人です。全体の人数は何人ですか。

式

答え _____

④ もとの値段の $\frac{5}{100}$ が25円です。もとの値段はいくらですか。

式

答え _____

⑤ ある道のりの $\frac{5}{6}$ が800mです。道のりはいくらですか。

式

答え _____

いろいろな分数 ④
分数の倍

① 白いテープの長さは $\frac{5}{8}$ m、赤いテープの長さは $\frac{3}{4}$ mです。

白いテープの長さは赤いテープ
の長さの何倍ですか。

白いテープ $\frac{5}{8}$ m

赤いテープ $\frac{3}{4}$ m

0　　　　　　1

式

答え _____

☆ このように、赤いテープをもとにしたときの白いテープの
長さを「白いテープは赤いテープの "何分の何"」ということ
ができます。例「白いテープは赤いテープの $\frac{5}{6}$」

② 次の数は何倍ですか。分数で答えましょう。

① 240円は300円の何倍ですか。

式

答え _____

② $\frac{4}{3}$ Lは4Lの何倍ですか。

式

答え _____

③ 25Lは35Lの何倍ですか。

式

答え _____

④ 1540mは3300mの何倍ですか。

式

答え _____

いろいろな分数 ⑤
3つの分数

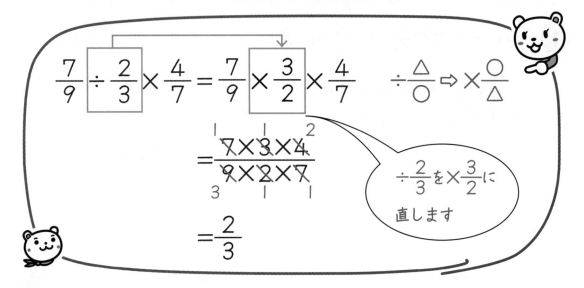

$$\frac{7}{9} \div \frac{2}{3} \times \frac{4}{7} = \frac{7}{9} \times \frac{3}{2} \times \frac{4}{7} \qquad \div \frac{\triangle}{\bigcirc} \Rightarrow \times \frac{\bigcirc}{\triangle}$$

$$= \frac{\cancel{7} \times 3 \times \cancel{4}^{2}}{\cancel{9} \times \cancel{2} \times \cancel{7}}$$

$\div \frac{2}{3}$ を $\times \frac{3}{2}$ に 直します

$$= \frac{2}{3}$$

🍎 次の計算をしましょう。

① $\dfrac{3}{10} \div \dfrac{7}{8} \times \dfrac{7}{9} =$

② $\dfrac{7}{15} \div \dfrac{3}{8} \times \dfrac{3}{4} =$

③ $\dfrac{3}{5} \times \dfrac{7}{12} \div \dfrac{14}{15} =$

いろいろな分数 ⑥
３つの分数

 次の計算をしましょう。

① $\dfrac{7}{8} \div \dfrac{7}{12} \div \dfrac{9}{10} =$

② $\dfrac{7}{9} \div \dfrac{7}{10} \div \dfrac{2}{3} =$

③ $\dfrac{5}{12} \div \dfrac{8}{3} \div \dfrac{15}{8} =$

④ $\dfrac{5}{8} \div \dfrac{13}{11} \div \dfrac{11}{26} =$

⑤ $\dfrac{8}{9} \div 7 \div \dfrac{2}{3} =$

いろいろな分数 ⑦

（　）のついた計算

 次の計算をしましょう。

① $\dfrac{6}{7} \times \left(\dfrac{5}{6} - \dfrac{1}{3} \right) = \dfrac{6}{7} \times \left(\dfrac{5}{6} - \dfrac{2}{6} \right)$

$= \dfrac{6 \times 3}{7 \times 6} =$

② $\dfrac{2}{5} \times \left(\dfrac{4}{5} - \dfrac{3}{10} \right) =$

③ $\dfrac{4}{5} \times \left(\dfrac{3}{8} + \dfrac{1}{6} \right) =$

④ $\dfrac{5}{6} \times \left(\dfrac{1}{3} + \dfrac{3}{5} \right) =$

いろいろな分数 ⑧

（　）のついた計算

 次の計算をしましょう。

① $\left(\dfrac{1}{10} + \dfrac{1}{6} \right) \div \dfrac{16}{35} =$

② $\left(\dfrac{8}{15} + \dfrac{3}{10} \right) \div \dfrac{5}{8} =$

③ $\left(\dfrac{5}{6} - \dfrac{1}{14} \right) \div \dfrac{3}{8} =$

④ $\left(\dfrac{5}{12} - \dfrac{2}{15} \right) \div \dfrac{21}{5} =$

いろいろな分数 ⑨
和・差・積・商

　次の計算をしましょう。

① $\dfrac{3}{4} + \dfrac{3}{8} \times \dfrac{4}{9} =$

② $\dfrac{5}{6} \times \dfrac{9}{10} - \dfrac{1}{6} =$

③ $\dfrac{7}{20} - \dfrac{3}{10} \times \dfrac{5}{6} =$

④ $\dfrac{3}{10} + \dfrac{3}{4} \times \dfrac{8}{15} =$

いろいろな分数 ⑩
和・差・積・商

 次の計算をしましょう。

① $\dfrac{8}{15} - \dfrac{6}{25} \div \dfrac{8}{15} =$

② $\dfrac{10}{21} \div \dfrac{15}{14} + \dfrac{5}{12} =$

③ $\dfrac{5}{8} + \dfrac{7}{9} \div \dfrac{14}{3} =$

④ $\dfrac{1}{10} + \dfrac{8}{9} \div \dfrac{20}{21} =$

小数・分数 ①
小数を分数に

小数の 0.1 は分数で $\frac{1}{10}$ に直せます。

$$0.1 = \frac{1}{10}, \quad 1.7 = \frac{17}{10}$$

① 次の小数を、分数で表しましょう。

① 0.3 ＝

② 0.7 ＝

③ 1.1 ＝

④ 1.3 ＝

⑤ 2.3 ＝

⑥ 3.3 ＝

小数の 0.2 は分数で $\frac{1}{5}$ に直せます。

$$0.2 = \frac{2}{10} = \frac{1}{5}$$

② 次の小数を、分数で表しましょう。

① 0.5 ＝

② 0.8 ＝

③ 1.2 ＝

④ 1.5 ＝

⑤ 2.5 ＝

⑥ 2.8 ＝

小数・分数 ②
小数を分数に

小数 0.01 は分数で $\frac{1}{100}$ に直せます。

$$0.01 = \frac{1}{100}, \quad 0.23 = \frac{23}{100}$$

① 次の小数を、分数で表しましょう。

① $0.03 =$

② $0.07 =$

③ $0.11 =$

④ $0.13 =$

⑤ $0.23 =$

⑥ $0.21 =$

小数の 0.02 は分数で $\frac{1}{50}$ に直せます。

$$0.02 = \frac{2}{100} = \frac{1}{50}$$

② 次の小数を、分数で表しましょう。

① $0.04 =$

② $0.05 =$

③ $0.16 =$

④ $0.25 =$

⑤ $0.36 =$

⑥ $0.48 =$

小数・分数 ③

小数の混じった計算

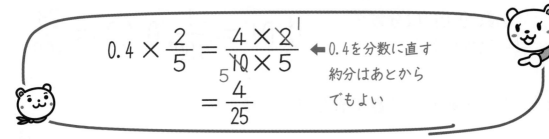

$$0.4 \times \frac{2}{5} = \frac{4 \times \cancel{2}^1}{\cancel{10} \times 5} \quad \leftarrow 0.4を分数に直す$$

約分はあとから
でもよい

$$= \frac{4}{25}$$

 次の計算をしましょう。

① $0.9 \times \dfrac{2}{3} =$ 　　　　② $\dfrac{1}{2} \times 0.6 =$

③ $3.6 \times \dfrac{1}{6} =$ 　　　　④ $\dfrac{1}{8} \times 4.8 =$

⑤ $\dfrac{5}{12} \div 0.5 =$ 　　　　⑥ $0.6 \div \dfrac{5}{8} =$

⑦ $\dfrac{3}{5} \div 1.2 =$ 　　　　⑧ $0.8 \div \dfrac{2}{5} =$

月　　日 名前

小数・分数 ④

小数の混じった計算

 次の計算をしましょう。

① $0.6 \times \dfrac{2}{3} =$

② $\dfrac{1}{2} \times 0.4 =$

③ $0.6 \times \dfrac{1}{6} =$

④ $\dfrac{1}{2} \times 0.8 =$

⑤ $0.9 \times \dfrac{1}{3} =$

⑥ $0.7 \div \dfrac{7}{12} =$

⑦ $\dfrac{4}{7} \div 0.8 =$

⑧ $\dfrac{4}{5} \div 0.3 =$

⑨ $\dfrac{5}{8} \div 0.3 =$

⑩ $4\dfrac{1}{6} \div 1.5 =$

月　　日 名前

いろいろな分数

/50
点

① □にあてはまる数をかきましょう。

(各5点／20点)

① 45秒 = $\dfrac{3}{\boxed{}}$分

② 30分 = $\dfrac{1}{\boxed{}}$時間

③ $\dfrac{1}{3}$分 = $\boxed{}$秒

④ $\dfrac{3}{2}$時間 = $\boxed{}$分

② 次の数は何倍ですか。分数で答えましょう。

(各5点／10点)

① 180円は300円の何倍ですか。

答え _____

② $\dfrac{3}{4}$Lは3Lの何倍ですか。

答え _____

③ 次の計算をしましょう。

(各10点／20点)

① $\dfrac{3}{10} \div \dfrac{7}{8} \times \dfrac{7}{9} =$

② $\dfrac{5}{12} \div \dfrac{8}{3} \div \dfrac{15}{8} =$

月　日　名前

まとめ ⑩
小数・分数
/50点

① 次の小数を簡単な分数で表しましょう。　　　（各5点／20点）

① $0.5 =$　　　　　② $0.2 =$

③ $0.04 =$　　　　　④ $0.25 =$

② 次の計算をしましょう。　　　（各5点／30点）

① $0.9 \times \dfrac{2}{3} =$　　　　　② $0.6 \times \dfrac{1}{6} =$

③ $\dfrac{4}{7} \times 0.8 =$　　　　　④ $\dfrac{1}{2} \times 0.4 =$

⑤ $\dfrac{3}{5} \div 1.2 =$　　　　　⑥ $0.6 \div \dfrac{5}{8} =$

月　　日　名前

場合の数 ①
並べ方

場合の数を調べるときは、数え落としや重複をさけて数えます。

① 遊園地で、ジェットコースター、観覧車（かんらんしゃ）、ゴーカートの３つを選びました。乗る順番は何通りありますか。
（ジェットコースター：Ａ、観覧車：Ｂ、ゴーカート：Ｃ）

（1番目）（2番目）（3番目）

```
A < B —— C
    C —— B

B < ——
    ——

C < ——
    ——
```

答え ＿＿＿＿＿＿＿

※この木の枝のような図を 樹形図（じゅけいず） といいます。

② 2枚（まい）のコイン10円と50円を投げたとき、表と裏（うら）はどのようになりますか。樹形図で表し、何通りあるか答えましょう。

（10円）（50円）

```
表 < 表
    裏

裏 < 
```

答え ＿＿＿＿＿＿＿

88

場合の数 ②
並べ方

①　遊園地で、ジェットコースター、観覧車、ゴーカート、メリーゴーランドの4つを選びました。乗る順番は何通りありますか。
（ジェットコースター：A、観覧車：B、ゴーカート：C、メリーゴーランド：D）

（1番目）（2番目）（3番目）（4番目）

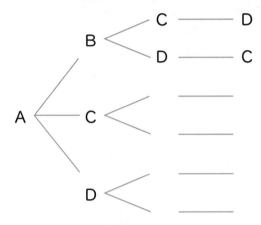

　　1番目がB、C、Dの場合も
ふくめて考えます。　　　　　　　　　答え _____

②　3枚のコイン10円と50円と100円を投げたとき、表と裏はどのようになりますか。表を完成させ、何通りあるか答えましょう。

10 円	表							
50 円	表							
100 円	表							

答え _____

場合の数 ③
並べ方

①  、 2 、 3 、 4 、の4枚のカードを並べて4けたの整数
をつくります。何通りありますか。

（千の位）（百の位）（十の位）（一の位）

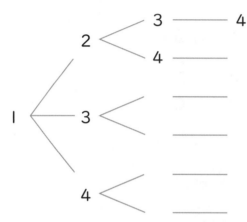

答え ＿＿＿＿＿＿＿＿＿＿

② 0 、 1 、 2 、 3 、の4枚のカードを並べて4けたの整数
をつくります。何通りありますか。ただし「0123」などは4
けたの数ではありません。

答え ＿＿＿＿＿＿＿＿＿＿

場合の数 ④
並べ方

 男の子2人、女の子2人の4人がいます。
男の子をA、B、女の子をc、dとします。

① この4人が並ぶとき、並び方は何通りありますか。

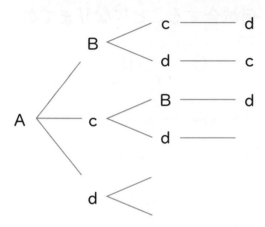

答え _____

② 男の子2人は、ABまたはBAのとなりどうしの組にします。
男の子の組とc、dの並び方は何通りありますか。

AB ⟨ c ——— d
      d ——— c

答え _____

場合の数 ⑤

組み合わせ方

クラスをA、B、C、D4つのチームに分けて、ソフトボールの試合をします。

① リーグ戦方式（すべてのチームに１回ずつあたる総あたり方式）でやると、全部で何試合することになりますか。

	A	B	C	D
A				
B				
C				
D				

答え ＿＿＿＿＿＿＿＿＿

① トーナメント方式（勝ちぬき戦方式）でやると、何試合することになりますか。

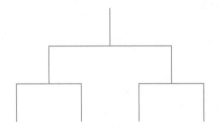

答え ＿＿＿＿＿＿＿＿＿

場合の数 ⑥
組み合わせ方

お祭りの風船が、赤、青、緑、黄の4色があります。

① 4色うち1色を選ぶとすると、選び方は何通りありますか。
選ぶ色を（　　）で表すと

（　赤　）（　青　）（　　　　　）（　　　　　）

答え _____

② 4色のうちから2色を選ぶとすると、選び方は何通りあり
ますか。

（　赤、青　）（　赤、緑　）（　赤、黄　）
（　青、　　）（　　、　　）（　　、　　）

答え _____

③ 4色のうちから3色を選ぶとすると、選び方は何通りあり
ますか。

（　　、　　、　　）（　　、　　、　　）
（　　、　　、　　）（　　、　　、　　）

答え _____

※ ③は、4色のうち選ばない色を1つ決めることと同じなの
で、①と同じ結果になります。

場合の数 ⑦
組み合わせ方

🍎 いちご、もも、なし、りんご、みかんの5つの中から2種類
選びます。どんな組み合わせで、何通りになりますか。

いちご	もも	なし	りんご	みかん
○	○			
○		○		

→ （　いちご、もも　）
→ （　いちご、なし　）
→ （　　　　、　　　　）
→ （　　　　、　　　　）
→ （　　　　、　　　　）
→ （　　　　、　　　　）
→ （　　　　、　　　　）
→ （　　　　、　　　　）
→ （　　　　、　　　　）
→ （　　　　、　　　　）

答え _____

※　この問題で5つの中から3種類選ぶとしましょう。これも
選ばない2種類を決めるのと同数なので、10通りとなります。

場合の数 ⑧

組み合わせ方・他

① 次の図で、家から、A駅を通ってB駅に行く方法は何通りあり
ますか。

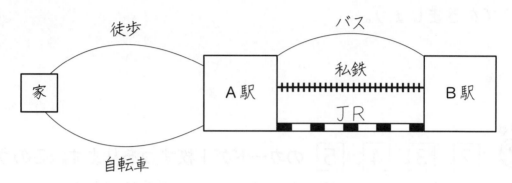

答え _____

② 赤、青、緑、黄の4色から、3色を選んで右下の旗の3つの
部分をぬります。何通りのぬり方がありますか。

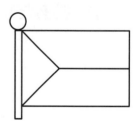

答え _____

まとめ ⑪
場合の数
/50点

⭐⭐⭐
① 5円、10円、100円、500円の4種類のコインがそれぞれ1枚ずつあります。このうち2枚を組み合わせてできる金額をすべてかきましょう。

(10点)

（ 　　　　　　　　　　　　　　　　　　 ）

⭐⭐⭐
② 2、3、4、5 のカードが1枚ずつあります。このうち2枚選んで2けたの整数をつくります。何通りできますか。 (10点)

答え 　　　　　　　

⭐⭐⭐
③ A、B、C、Dの4チームで野球の試合をします。 (各15点／30点)

① 総あたり戦にすると何試合になりますか。

答え 　　　　　　　

② 勝ちぬき戦にすると何試合になりますか。

答え

まとめ ⑫
場合の数

/50点

① １、２、３、４、５ のカードが１枚ずつあります。このうち２枚を選んで２けたの整数をつくります。何通りできますか。

(10点)

答え _____

② A、B、C、D、Eの5人のアイドルグループを３人と２人のチームに分けます。分け方は何通りありますか。

(10点)

答え _____

③ 円周上の点A、B、C、D、E、Fをつないで三角形をつくります。

① 辺ＡＢを１辺とする三角形をかきましょう。

(1つ5点／20点)

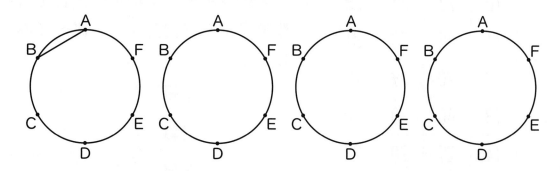

② 辺ＡＣと同じ長さの正三角形は何通りできますか。

(10点)

答え _____

資料の調べ方 ①
記録の整理

 次の表は、6年生男子のソフトボール投げの記録です。

ソフトボール投げ（m）

番号	1組	2組	3組
1	21	24	22
2	28	22	25
3	16	26	41
4	33	21	29
5	29	46	38
6	25	20	24
7	26	41	26
8	22	27	20
9	24	35	43
10	22	29	23
11	45	30	31
12	20	19	18
13	40	30	30
14	27	20	27
15	26	23	26
16	26	30	/
合計	430	443	423

① 合計が1番多いのは何組ですか。

（　　　　　　　）

② ①で答えたクラスが1番成績がよいといえますか。

（　　　　　　　）

③ 1番遠くまで投げた人は、何組で何m投げましたか。

（　　　）組（　　　　　　　）m

④ 1番近くに投げた人は、何組で何m投げましたか。

（　　　）組（　　　　　　　）m

⑤ 平均を小数第1位まで出して（小数第2位を四捨五入）、比べてみましょう。

1組（　　　　　　　）
2組（　　　　　　　）
3組（　　　　　　　）

⑥ 平均すると1番成績がよいクラスはどこですか。

（　　　　　　　）

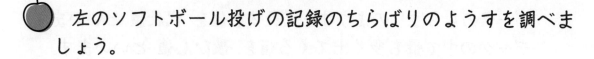

資料の調べ方 ②
ちらばりのようす

左のソフトボール投げの記録のちらばりのようすを調べましょう。

1組
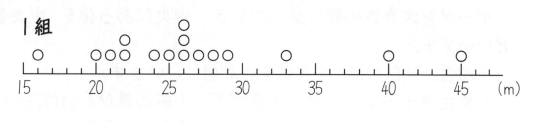

2組

3組
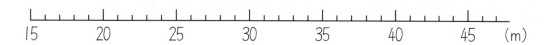

① 1組のようすは上のとおりです。これをドットプロットといいます。2組、3組の記録を数直線上に○で表しましょう。

② クラスの記録は、それぞれ何m以上何m以下のはんいにちらばっていますか。

　　　1組　（　　　　）m以上（　　　　）m以下

　　　2組　（　　　　）m以上（　　　　）m以下

　　　3組　（　　　　）m以上（　　　　）m以下

資料の調べ方 ③
代表値

データのちらばりのようすを代表する値を 代表値 といいます。

データの中で最も多く出てくる値を 最ひん値 といいます。

データを大きさの順に並べたとき、中央にある値を 中央値 といいます。

平均値、最ひん値、中央値を代表値といいます。

６年生男子のソフトボール投げで、１組の最ひん値は26mになります。データを大きさの順に並べ８番目と９番目の平均が中央値になります。

16、20、21、22、22、24、25、26、26、26、27、28、29、33、40、45

$\dfrac{26+26}{2}=26$　26m が中央値です。

① 6年生男子の2組、3組の最ひん値を求めましょう。

2組（　　　　　　　　）　3組（　　　　　　　　）

② 6年生男子の2組、3組の中央値を求めましょう。

2組

_____

（　　　　　）

3組

_____

（　　　　　）

資料の調べ方 ④
度数分布表

　　6年生男子ソフトボール投げの記録をデータをいくつかの区間に区切って整理した表にまとめます。このような表を **度数分布表** といいます。

　　また、区間のことを **階級** といい、それぞれの階級に入るデータの個数を **度数** といいます。

きょり(m)	1組(人)
15以上～20未満	1
20 ～25	5
25 ～30	7
30 ～35	1
35 ～40	0
40 ～45	1
45 ～50	1
合　計	16

 2組、3組の記録から度数分布表をつくりましょう。

2組

きょり(m)	1組(人)
15以上～20未満	
20 ～25	
25 ～30	
30 ～35	
35 ～40	
40 ～45	
45 ～50	
合　計	

3組

きょり(m)	1組(人)
15以上～20未満	
20 ～25	
25 ～30	
30 ～35	
35 ～40	
40 ～45	
45 ～50	
合　計	

資料の調べ方 ⑤
柱状グラフ

① 6年生男子1組の度数分布表を柱状グラフに表しましょう。

ソフトボール投げ

きょり(m)	1組(人)
15以上〜20未満	1
20　〜25	5
25　〜30	7
30　〜35	1
35　〜40	0
40　〜45	1
45　〜50	1
合　計	16

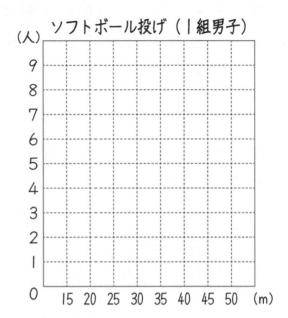

ソフトボール投げ（1組男子）

※ 上のようなグラフを 柱状グラフ または ヒストグラム と
いいます。

② 2組、3組の柱状グラフをかきましょう。

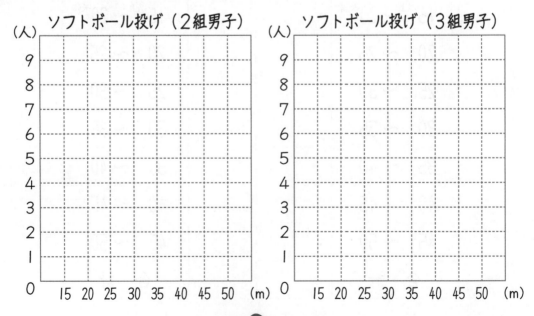

ソフトボール投げ（2組男子）　　ソフトボール投げ（3組男子）

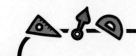

資料の調べ方 ⑥
データの整理

 6年生男子のソフトボール投げのデータをまとめましょう。
資料の調べ方①〜⑤を見てかきましょう。

	1組	2組	3組
一番長いきょり（最大値）	m	m	m
1番短いきょり（最小値）	m	m	m
平均値（小数第1位）	m	m	m
最ひん値	m	m	m
中央値	m	m	m
一番多い階級	m〜 m	m〜 m	m〜 m
40m 以上の割合	%	%	%
30m 以上の割合	%	%	%

※　割合については、小数第2位を四捨五入しましょう。

※　平均の値と、たくさんのデータが集まっているところは、
　　同じとは限りません。

資料の調べ方 ⑦
データの整理

次の表は6年生の体重で、小数点以下を四捨五入したものです。

6年生の体重21名（kg）

31	29	30	34	28	33	39
33	34	32	36	30	33	35
38	31	32	35	36	34	33

① 体重の平均を求めましょう。四捨五入して、小数第1位まで求めます。

式

答え ＿＿＿＿＿＿＿

② データをドットプロットしましょう。

③ 最ひん値を求めましょう。

答え ＿＿＿＿＿＿＿

④ 中央値を求めましょう。

答え ＿＿＿＿＿＿＿

月　　日　名前

資料の調べ方 ⑧
データの整理

左の表を見て答えましょう。

① 右の階級に
整理しましょう。

階　級	正	数
28kg以上〜30kg未満		
30kg　〜32kg		
32kg　〜34kg		
34kg　〜36kg		
36kg　〜38kg		
38kg　〜40kg		
合　計		

② 柱状グラフをかきましょう。

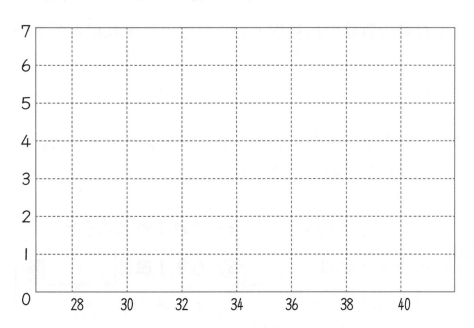

まとめ ⑬
資料の調べ方

/50点

グラフは5年1組と6年1組で、3か月間に読んだ本の冊数<ruby>冊数<rt>さっすう</rt></ruby>を調べた結果です。

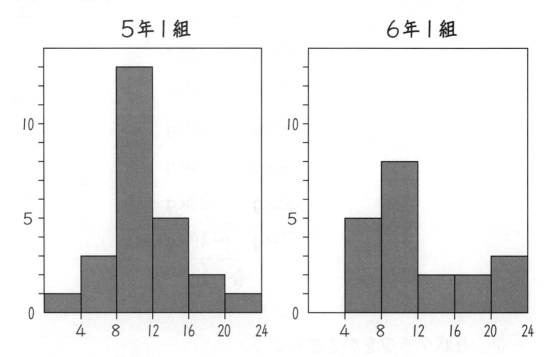

5年1組

6年1組

① 読んだ本の冊数が16冊以上の人数はそれぞれ何人ですか。

(各10点／20点)

5年1組（　　　　　　　）　　6年1組（　　　　　　　）

② ゆうきさんは、どちらが多く読んだかを考えました。
　　□にあてはまる数をかきましょう。

(各10点／30点)

16冊以上の人数の割合<ruby>割合<rt>わりあい</rt></ruby>をそれぞれ求めると

5年1組は □ %、6年1組は □ %

だから □ の方が多く読んだ。

まとめ ⑭
資料の調べ方

/50点

20点満点になるゲームを20人で行って表にまとめ、それを柱状グラフに表しました。ところが元の表のはしが切れてしまい、しょう君、みかさん、いくと君、りなさんの4人の結果がわからなくなってしまいました。

番号	①	②	③	④	⑤	⑥	⑦	⑧
点数	15	8	11	18	10	8	12	15
番号	⑪	⑫	⑬	⑭	⑮	⑯	⑰	⑱
点数	6	17	6	15	16	12	9	11

（不足点が出せたら10点、1人10点）

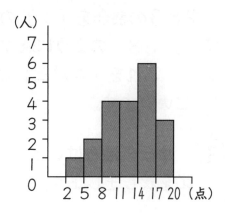

みか

最高点は18点で2人いたよ。
わたしは、ヒストグラムの一番多い区切りにはいっています。

りな

20人の平均点はちょうど12点だったよ。

しょう

ぼくは、点数の高い方から9番目で、ほかに同じ点数の人はいなかったよ。

いくと

ぼくの点数は、りなさんの6倍だったよ。

4人の点数をそれぞれ求めましょう。しょう君（　　　）、みかさん（　　　）、いくと君（　　　）、りなさん（　　　）

比 ①
比をつくる

　　サラダ油とすをまぜてドレッシングをつくります。小さじで

	サラダ油	す
小さじ	2はい	3ばい

　　サラダ油　　　2はい
　　　す　　　　　3ばい
　　2と3の割合を「：」の記号を使って　2：3　のように表すことがあります。これを「二対三」と読みます。このように表された割合を 比 といいます。

① 　サラダ油6はいと、すを9はいにしたときのサラダ油とすの比を表しましょう。

答え _____

② 　南小学校の5年生61名と、6年生31名の人数を比で表しましょう。

答え _____

③ 　縦27cm、横12cmの本の縦と横の長さを、比で表しましょう。

答え _____

④ 　1辺が5cmの正方形と、6cmの正方形のそれぞれの周りの長さの比を求めましょう。

答え _____

比 ②

比の値

サラダ油4はい、すを6はいをまぜてドレッシングをつくっても

サラダ油：す＝2：3

のドレッシングと同じ味になります。

2：3＝4：6

等しい比になります。

a：bで表された比で、bを1と見たときにaがいくつにあたるかを表した数を 比の値（あたい） といいます。

a：bの比の値は、a÷bの商になります。

比の値が等しいとき、それらの比は等しくなります。

	サラダ油	す
小さじ	4はい	6はい

① 比の値を分数で表しましょう。

① 5：6 ⇒ ――　　　② 7：9 ⇒

③ 4：8 ⇒ $\dfrac{4}{8}$ ＝ ――　　④ 2：6 ⇒

⑤ 12：18 ⇒　　　　　⑥ 30：50 ⇒

② 比の値が、1：3と等しい比をすべて選びましょう。

① 2：5　　② 2：6　　③ 3：7　　④ 4：12

答え

比 ③
等しい比

等しい比をつくるとき、両方に同じ数をかけます。

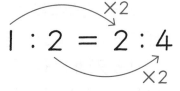

$1 : 2 = 2 : 4$

また、両方に同じ数でわります。

$6 : 9 = 2 : 3$

① □にあてはまる数を入れて、等しい比をつくりましょう。

① 1 : 5 = 4 : □

② 3 : 10 = □ : 40

③ 0.3 : 0.7 = □ : 7

④ 6 : □ = 36 : 48

⑤ □ : 7 = 40 : 56

⑥ 0.4 : □ = 28 : 21

⑦ 1 : 2 = 3 : □

⑧ 3 : 5 = □ : 15

⑨ □ : 6 = 12 : 18

⑩ 4 : □ = 24 : 36

② 6 : 10 と等しい比に○をつけましょう。

① 6 : 15 （　　　）

② 3 : 5 （　　　）

③ 21 : 30 （　　　）

④ 12 : 20 （　　　）

⑤ 18 : 20 （　　　）

⑥ 0.6 : 1 （　　　）

比 ④
等しい比

① 〔　　〕の中の数でわって等しい比をつくりましょう。

〔4でわる〕

① 4：16＝　　　　　　　② 20：8＝

〔6でわる〕

③ 30：48＝　　　　　　④ 66：84＝

〔9でわる〕

⑤ 27：45＝　　　　　　⑥ 9：81＝

〔12でわる〕

⑦ 12：24＝　　　　　　⑧ 48：84＝

② 等しい比をつくりましょう。

① 15：25＝3：□　　　　② 30：24＝5：□

③ 28：49＝4：□　　　　④ 16：12＝4：□

⑤ 8：20＝□：5　　　　⑥ 32：12＝□：3

⑦ 35：45＝□：9　　　　⑧ 21：14＝□：2

⑨ 60：90＝2：□　　　　⑩ 84：60＝□：5

比 ⑤
整数の比で表す

比は 0.4 : 0.8 のように小数で表す場合があります。

それぞれを10倍して簡単な整数　　　　$0.4 : 0.8 = 4 : 8$

の比で表すことができます。　　　　　　　　　$= 1 : 2$

 次の比を簡単な整数の比で表しましょう。

① 0.5 : 0.6＝　　　　　　　　② 0.2 : 0.7＝

③ 1.4 : 1.3＝　　　　　　　　④ 0.2 : 0.5＝

⑤ 0.2 : 0.6＝　　　　　　　　⑥ 0.9 : 0.3＝

⑦ 0.5 : 1.5＝　　　　　　　　⑧ 1.6 : 2.4＝

⑨ 2.1 : 3.5＝　　　　　　　　⑩ 3.6 : 1.2＝

比 ⑥
整数の比で表す

比 $\dfrac{1}{8} : \dfrac{1}{4}$ のように分数で表す場合があります。

通分して、分子どうしの等しい

比で表すことができます。

$$\dfrac{1}{8} : \dfrac{1}{4} = \dfrac{1}{8} : \dfrac{2}{8}$$
$$= 1 : 2$$

 次の比を簡単な整数の比で表しましょう。

① $\dfrac{2}{9} : \dfrac{5}{9} =$　　　　② $\dfrac{4}{6} : \dfrac{1}{6} =$

③ $\dfrac{2}{3} : \dfrac{1}{4} =$　　　　④ $\dfrac{2}{5} : \dfrac{1}{3} =$

⑤ $\dfrac{1}{4} : \dfrac{3}{8} =$　　　　⑥ $\dfrac{5}{6} : \dfrac{5}{9} =$

⑦ $\dfrac{2}{7} : \dfrac{2}{21} =$　　　　⑧ $\dfrac{7}{12} : \dfrac{7}{18} =$

比の利用

① まさおさんの学校園は、野菜畑の面積と花畑の面積の比は 5：3 です。野菜畑の面積を10m²とすると、花畑の面積は何m²ですか。

式　5：3＝10：□

答え _____

② 山下さんと林さんが色紙を持っています。その枚数の比は 4：5 です。山下さんの持っている色紙は20枚です。林さんの持っている色紙は何枚ですか。

式

答え _____

③ りんごとなしの値段の比は 2：3 です。りんごが100円のとき、なしはいくらですか。

式

答え _____

④ 村上さんの学校の図書館にある歴史の本と科学の本の冊数の比は 5：2 です。歴史の本が450冊あります。科学の本は何冊ですか。

式

答え _____

比 ⑧
比の利用

① ひろしさんの学級の男子と女子の人数の比は 6：5 です。
女子が20人です。男子は何人ですか。

式

答え _____

② 縦の長さと横の長さの比が 7：10 の旗をつくります。横の
長さを80cmにすると、縦の長さは何cmになりますか。

式

答え _____

③ コーヒーと牛乳をまぜて、コーヒー牛乳をつくります。まぜ
る割合は 3：4（コーヒー：牛乳）です。牛乳を100mL入れ
ると、コーヒーは何mLまぜるとよいですか。

式

答え _____

④ 赤いリボンと青いリボンの長さの比は 4：7 です。
青いリボンが42cmのとき、赤いリボンは何cmですか。

式

答え _____

比 ⑨
比の利用

① みかんを15kgもらいました。自分の家とおとなりで、2：1になるように分けようと思います。自分の家のみかんは何kgですか。また、おとなりは何kgですか。

式

答え _____

② 長さ160cmのリボンを、姉と妹で 5：3 になるように分けます。それぞれの長さは何cmですか。

式

答え _____

③ 140枚の色紙を、兄と弟で 4：3 になるように分けます。それぞれ何枚になりますか。

式

答え _____

比 ⑩
比の利用

① 広場に108人の人がいます。この人たちの男女の人数の比は 5：4 です。それぞれ何人ですか。

式

答え _____

② 1800gの砂糖水があります。砂糖と水の比は、2：7 です。砂糖は何gふくまれていますか。

式

答え _____

③ サラダ油とすの量を 5：4 の割合でまぜてドレッシングを 270mLつくります。それぞれ何mL使いますか。

式

答え _____

名前

月　日

比 ⑪
比の利用

① 図を見て、木の高さを求めましょう。

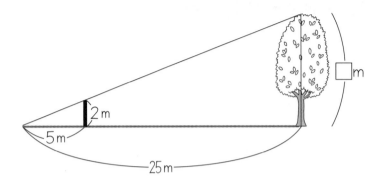

□m

2m

5m

25m

式

答え _____

② あるクラブの男子と女子の比は 7：5 です。
　このクラブの男子は女子より4人多いです。
　それぞれ何人ですか。

式

答え _____

118

比 ⑫
比の利用

① 長さ90cmのひもで長方形をつくります。縦と横の長さの比を
3：2 にするには、縦と横の長さは何cmにすればよいですか。

式

答え _____

② 白と赤のバラの花が40本あります。
赤いバラを4本ふやしたので、赤と白のバラの数の比は、
6：5 になりました。それぞれのバラの数を求めましょう。

式

答え _____

まとめ ⑮
比

/50点

★★
① 等しい比をつくりましょう。 (各5点／30点)

① 15：25 = 3：□

② 16：12 = 4：□

③ 21：14 = □：2

④ 0.6：1 = □：5

⑤ $\frac{2}{3}$：$\frac{1}{4}$ = 8：□

⑥ 12：36 = 1：□

★★★
② たいがさんとお父さんの体重の比は 3：5 です。たいがさんとお父さんの体重の合計は、104kgでした。お父さんの体重は何kgですか。 (式5点、答え5点／10点)

式

答え _____

★★★
③ 32枚の色紙をかえでさんと妹とで、枚数の比が 9：7 になるように分けます。かえでさんと妹の枚数を求めましょう。 (式5点、答え5点／10点)

式

答え _____

月　　日 名前

まとめ ⑯
比

／50点

① 次の比と等しい比を2つずつ見つけ、記号をかきましょう。

（1つ5点／30点）

① 1：2　　（　　　）（　　　）

　㋐　12：24　　㋑　18：9　　㋒　48：36　　㋓　72：144

② 3：4　　（　　　）（　　　）

　㋐　15：20　　㋑　0.09：0.12　　㋒　6：10　　㋓　0.03：0.06

③ 5：7　　（　　　）（　　　）

　㋐　$\dfrac{1}{2}：\dfrac{3}{4}$　　㋑　$2\dfrac{1}{2}：\dfrac{7}{3}$　　㋒　1.5：2.1　　㋓　110：154

② 6年生全体の人数は105人で、男子の人数と全体の人数の比は8：15 です。女子の人数は何人ですか。

（式5点、答え5点／10点）

式

答え ＿＿＿＿＿＿＿＿＿＿

③ けいさんとお姉さんはお金を出し合って、720円の本を買うことにしました。けいさんの出す分とお姉さんの出す分を 4：5 とすると、けいさんは何円出せばよいですか。

（式5点、答え5点／10点）

式

答え ＿＿＿＿＿＿＿＿＿＿

比例とは

　　ともなって変わる２つの量 x と y があって、x が２倍、３倍、…… となるとき、対応する y も２倍、３倍、…… になるとき、y は x に比例する といいます。

　🍎　　１冊150円のノートを x 冊買ったときの代金を y 円とします。

冊数 x（冊）	1	2	3	4	5
代金 y（円）	150	300	450	600	㋐

①　　x の値が１から２へ２倍になったとき、y の値は何倍になりますか。

答え _____

②　　x の値が１から３へ３倍になったとき、y の値は何倍になりますか。

答え _____

③　　y は x に比例しているといえますか。

答え _____

④　　表の㋐の値を求めましょう。

答え _____

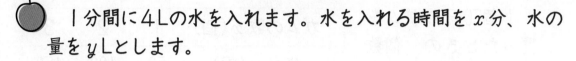

比例と反比例 ②
比例とは

🍎　1分間に4Lの水を入れます。水を入れる時間を x 分、水の量を y Lとします。

時間 x（分）	1	2	3		6	7
水の量 y（L）	4	8	12		24	㋐

① y は x に比例しているといえますか。

答え _____

② x の値が1から2へと1増えると、y の値はいくつ増えますか。

答え _____

③ x の値が2から3へと1増えると、y の値はいくつ増えますか。

答え _____

④ 表の㋐の値を求めましょう。

答え _____

※ ②、③で求めた値は、きまった数 といいます。

比例と反比例 ③
比例の式

　　１個50円のガムを買ったときの、個数と代金は比例しています。表で $y \div x$ は１個のガムの値段（ねだん）できまった数になります。

ガムの数 x（個）	1	2	3
代金 y（円）	50	100	150
$y \div x$	50	50	50

　　これを使って、比例の式は　　$y＝$ きまった数 $\times x$
と表せます。

　　底辺４cmの平行四辺形があります。平行四辺形の高さを x cmとして、その面積を y cm² として表をつくりました。

高さ x（cm）	1	2	3	4	5
面積 y（cm²）	4	8	12	16	20
$y \div x$	4	4	4	㋐	㋑

① 　y は x に比例しているといえますか。

　　　　　　　　　　　　　　　　　答え _____

② 　表の㋐、㋑の値（あたい）を求めましょう。

　　　　　　　　　　　　答え　㋐ _____　㋑ _____

③ 　y を x の式で表しましょう。

　　　$y＝$

月　　日 名前

比例と反比例 ④
比例の式

① 　表は、正三角形の１辺の長さと周りの長さの関係を表しています。

① 　表を完成させましょう。

１辺の長さ x (cm)	1	2			5	6
周りの長さ y (cm)	3		9	12		

② 　１辺の長さを x、周りの長さを y として、関係を式に表しましょう。

$y =$

② 　表は、分速1.5kmで走っている電車の、走った時間と進んだ道のりの関係を表しています。

① 　表を完成させましょう。

時　間 x (分)	1	2	3			6
道のり y (km)		3		6	7.5	

② 　x、y を使って、関係を式に表しましょう。

$y =$

③ 　12分後、電車は何km進んでいますか。

式

答え＿＿＿＿＿＿＿＿

125

比例と反比例 ⑤
比例のグラフ

新幹線が１分間に３kmの速さで進んでいます。かかった時間 x と進んだ道のり y の関係を表やグラフに表しましょう。

① 表にあてはまる数をかきましょう。

時　間 x（分）	0	1	2	3	4	5	6
道のり y（km）		3					

② 表の時間と道のりの値（あたい）を、グラフに点で打ちましょう。

③ 点を直線でつなぎましょう。

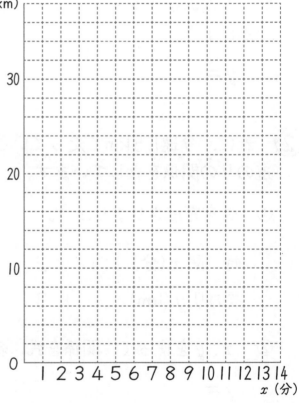

④ できたグラフをさらに高い値にのばします。グラフから、12分後に何km進むことがわかりますか。

答え _____

⑤ x と y の関係を式に表しましょう。

$y =$

比例と反比例 ⑥
比例のグラフ

 2本で3Lの水が入るペットボトルがあります。

① このペットボトルの本数と、入っている水の量の関係をグラフに表しましょう。

② 6本分の水の量は何Lですか。

答え ＿＿＿＿＿＿＿＿

③ 6L のときの本数は何本ですか。

答え ＿＿＿＿＿＿＿＿

④ 1本分の水の量は何Lですか。

答え ＿＿＿＿＿＿＿＿

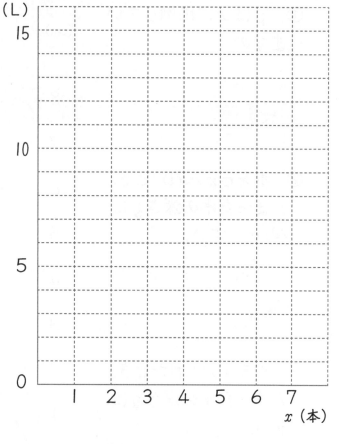

⑤ 本数を x、水の量を y にして、関係を式に表しましょう。

　　$y =$

⑥ 15本分の水の量を求めましょう。

　式

　　　　　　　　　　　　答え ＿＿＿＿＿＿＿＿

比例のグラフ

🍎　容器に水を入れます。

　水を入れる時間 x 分と、たまった水の深さ y cmの関係をグラフに表しました。

① y は x に比例していますか。

　答え _____

② 水を6分入れたとき、たまった水の深さ y は何cmですか。

　答え _____

③ 水を1分入れたとき、たまった水の深さ y は何cmですか。

　答え _____

④ x と y の関係式をかきましょう。

　$y =$

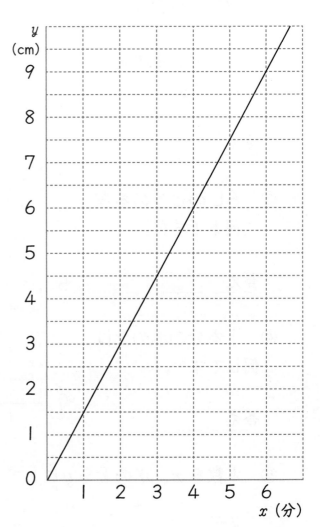

月　　　日 名前

比例と反比例 ⑧
比例を使って

① 同じネジがたくさんあります。重さをはかると1392gでした。このネジ6本分の重さは48gです。ネジは何本ありますか。

　考え方1　①　ネジ1本分の重さは何gですか。

　　　　　式

　　　　　　　　　　　　　　　　　答え _____

　　　　②　①の値（あたい）を使って、ネジの数を求めましょう。

　　　　　式　1392÷ □ ＝

　　　　　　　　　　　　　　　　　答え _____

　考え方2　①　ネジ全部の重さは、6本分の重さの何倍ですか。

　　　　　式

　　　　　　　　　　　　　　　　　答え _____

　　　　②　ネジの数も、重さと比例していることを用いて、ネジの数を求めましょう。

　　　　　式　6× □ ＝

　　　　　　　　　　　　　　　　　答え _____

② 紙のたばがあります。20枚（まい）重ねた厚さは 0.2cm で、全体の厚さは5cmでした。紙は何枚ありますか。

　　式

　　　　　　　　　　　　　　　　　答え _____

比例を使って

① 3m が 750円の布があります。この布8mの値段を求めます。

① 1mあたりの値段を求めましょう。

式

答え _____

② 布8mの値段を求めましょう。

式

答え _____

② 45km はなれた町まで、自転車で3時間かかりました。
　 この速さで2時間走ると、何km進みますか。

式

答え _____

③ 200g で 900円の肉があります。この肉を 700g 買うと何円
ですか。

式

答え _____

比例と反比例 ⑩

比例を使って

①　長さ４mで重さが80gの針金があります。この針金16mの重さは何gになりますか。

①　16mは４mの何倍ですか。

式

答え＿＿＿＿＿＿＿＿＿＿

②　針金16mの重さを求めましょう。

式

答え＿＿＿＿＿＿＿＿＿＿

②　25本のくぎの重さは50gでした。同じくぎ100本の重さを求めましょう。

式

答え＿＿＿＿＿＿＿＿＿＿

③　２時間で 121km 走る自動車があります。同じ速さで４時間走ると、何km走りますか。

式

答え＿＿＿＿＿＿＿＿＿＿

反比例とは

　ともなって変わる２つの量 x と y があって、x が２倍、３倍、…… になるとき、対応する y が $\frac{1}{2}$、$\frac{1}{3}$、…… になるとき、y は x に反比例する といいます。

　たとえば、面積がいつも12cm² の長方形の縦の長さと、横の長さを考えてみましょう。

　縦を x cm、横を y cmとします。

縦 x (cm)	1	2	3	4	6	12
横 y (cm)	12	6	4	3	2	1

　表を見て

　x の値が１から２へと２倍になれば、y の値は12から6へと $\frac{1}{2}$ になります。

　x の値が１から３へと３倍になれば、y の値は12から4へと $\frac{1}{3}$ になります。

　x の値が１から４へと４倍になれば、y の値は12から3へと $\frac{1}{4}$ になります。

　このことから、y は x に反比例していることがわかります。

比例と反比例 ⑫

反比例とは

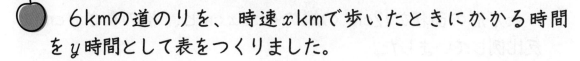

6kmの道のりを、時速 x kmで歩いたときにかかる時間を y 時間として表をつくりました。

時速 x（km）	1	2	3	4	5	6
時間 y（時間）	6	3	2	1.5	⑦	⑦

① x の値が1から2へと2倍になったとき、y の値は何倍になりますか。

答え _____

② x の値が1から3へと3倍になったとき、y の値は何倍になりますか。

答え _____

③ y は x に反比例しているといえますか。

答え _____

④ 表の⑦、⑦の値を求めましょう。

答え　⑦ _____　⑦ _____

比例と反比例 ⑬
反比例の式

　長方形の面積が12cm²の縦の長さ x cmと、横の長さ y cmは反比例していました。

縦 x（cm）	1	2	3	4	6	12
横 y（cm）	12	6	4	3	2	1
$y \times x$（cm²）	12	12	12	12	12	12

　ここで、$x \times y$ の値はいつも12（きまった数）になります。
　反比例の式は　　$y =$ きまった数 $\div x$
と表せます。

　面積が18cm²の長方形の縦の長さ x cm、横の長さ y cmとして表をつくりました。

縦 x（cm）	1	2	3	4	5	6
横 y（cm）	18	9	6	4.5	3.6	3
$y \times x$（cm²）	18	18	18	18	㋐	㋑

①　表の㋐、㋑の値を求めましょう。

答え ㋐　　　　　㋑

②　y を x の式で表しましょう。

　　　$y =$

比例と反比例 ⑭
反比例の式

① 12cmのリボンを x 本に等分します。そのときの1本の長さを y cmとして表をつくりました。

本数 x（本）	1	2	3	4	5	6
長さ y（cm）	12	6	4	3	2.4	2

① y は x に反比例しているといえますか。

答え _____

② y を x の式で表しましょう。

$y =$

② 24Lの水が入る水そうがあります。1分間に入れる水の量を x L、いっぱいになる時間を y 分として表をつくりました。

1分間に x（L）	1	2	3	4	6	8	12	24
時間 y（分）	24	12	8	6	4	3	2	1

① y は x に反比例しているといえますか。

答え _____

② y を x の式で表しましょう。

$y =$

比例と反比例 ⑮
反比例のグラフ

12kmの道のりを、時速 x kmで歩いたときのかかる時間を y 時間として表をつくります。表を完成させて、グラフをかきましょう。

時速 x (km)	1	2	3	4	5	6	12
時間 y (時間)	12						

表の点を打ち、なめらかな曲線で結びます。

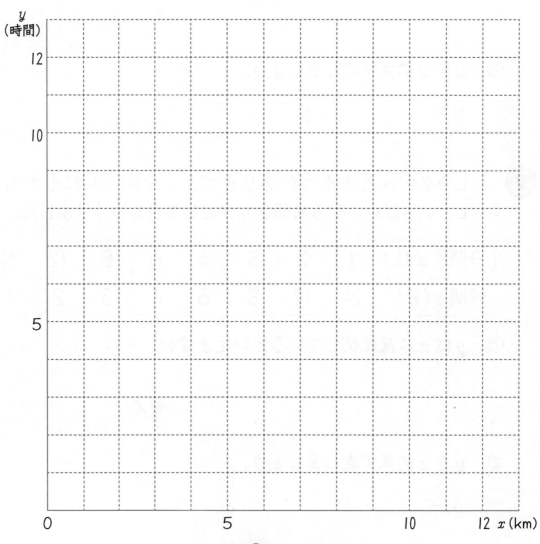

比例と反比例 ⑯
反比例のグラフ

面積が5cm²になる三角形の底辺を x cm、高さを y cmとしたときのグラフを見て、あとの問いに答えましょう。

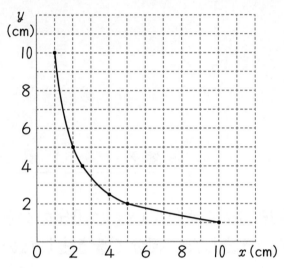

① x と y の関係を式に表しましょう。

$y =$

② 底辺が5cmのとき、高さは何cmですか。

答え

③ 高さが2.5cmのとき、底辺は何cmですか。

答え

④ 底辺が8cmのとき、高さは何cmですか。

答え

比例と反比例 ⑰
反比例を使って

① 　底辺が12cm、高さが6cmの三角形があります。この三角形と同じ面積で、底辺の長さが9cmの三角形の高さは何cmですか。

　式

　　　　　　　　　　　　　　　　　　答え _____

② 　友達の家に行くのに、分速60mで歩いていくと10分かかるところを、分速100mで走っていきました。何分で着きましたか。

　式

　　　　　　　　　　　　　　　　　　答え _____

③ 　3人で教室のそうじをすると20分かかります。15分で終わらせるには、あと何人連れてくればよいですか。

　式

　　　　　　　　　　　　　　　　　　答え _____

反比例を使って

① 卒業式の準備で体育館にイスを並べます。4人で並べると6時間かかります。

① 1時間で仕事を終えるには、何人でやればよいですか。

式

答え _____

② 45分で終えるには、何人でやればよいですか。

式

答え _____

② 60m³の水が入る水そうがあります。これに満水になるまで水を入れます。

① 1時間に5m³入れられるポンプを使うと、何時間かかりますか。

式

答え _____

② ①のポンプがちょうど2時間で故障してしまいました。残りは1時間に10m³ずつ入れられるポンプを借りてきて、急いで入れました。最初に入れはじめてから何時間かかりましたか。

式

答え _____

月　　日　名前

まとめ ⑰
比例と反比例

/50点

⭐⭐⭐
① 表は縦の長さが 3.5cm の長方形の横の長さ x cmと面積 y cm²
の関係を表したものです。

① x と y の関係を式に
表しましょう。　（10点）

x cm	1	2	3	4	5
y cm²	3.5	7	10.5	14	17.5

$y =$

② 面積が49cm² のとき、横の長さは何cmですか。　（10点）

式

答え _____

⭐⭐⭐
② 表は面積が 6cm² の三角形の底辺 x cmと高さ y cmの関係を
表したものです。

x cm	1	2	3		6	8	10	12
y cm	12			3		1.5		1

① 表を完成させましょう。
　（1つ2点／10点）

② x と y の関係を式に表
しましょう。　（10点）

$y =$

③ グラフに表しましょう。
　（10点）

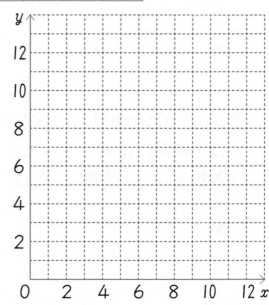

月　　日　名前

まとめ ⑱
比例と反比例

/50点

1 x と y の関係を式に表しましょう。y は x に比例、または反比例しているか答えましょう。

(式、比例反比例各5点／30点)

① 直径 x cm の円の円周 y cm。

$y =$ 　　　　　　　　　　（　　　　　　）

② 体積が 31.4cm³ の円柱の底面積 x cm² と高さ y cm。

$y =$ 　　　　　　　　　　（　　　　　　）

③ 60km の道のりを時速 x km の速さで y 時間かかる。

$y =$ 　　　　　　　　　　（　　　　　　）

2 グラフはふつう電車と急行電車が同じ駅を同じ方向に出発したときの走った時間 x 秒と走った道のり y m の関係を表しています。

① 急行電車の x と y の関係を式に表しましょう。　(10点)

$y =$

② 出発して、3分後には、何mはなれていますか。　(10点)

式

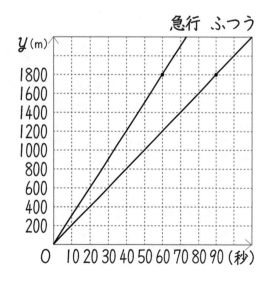

急行　ふつう

y (m)

1800
1600
1400
1200
1000
800
600
400
200

O　10 20 30 40 50 60 70 80 90 (秒)

答え _____

図形の拡大と縮小 ①
拡大図・縮図

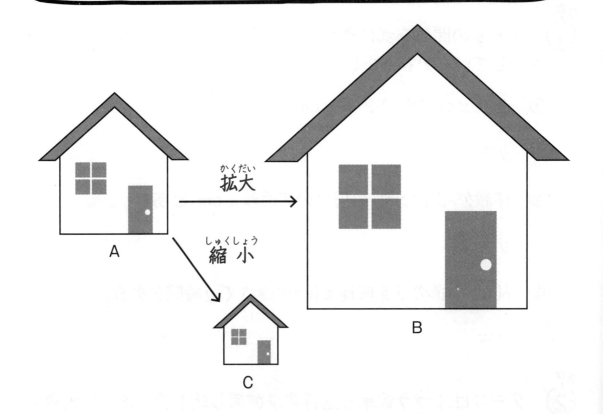

拡大

縮小

A

B

C

　Bの家の図はAの家の図を形を変えないで大きくした図です。大きくすることを 拡大する といいます。また、BはAの 拡大図 といいます。

　Cの家の図は、Aの形を変えないで小さくした図です。小さくすることを 縮小する といいます。また、CはAの 縮図 といいます。

どの部分の長さも2倍にした図を 2倍の拡大図 といい、

どの部分も $\frac{1}{2}$ に縮めた図を $\frac{1}{2}$の縮図 といいます。

BはAの2倍の拡大図です。CはAの$\frac{1}{2}$の縮図です。

図形の拡大と縮小 ②
拡大図・縮図

　①は、⑥の拡大図です。

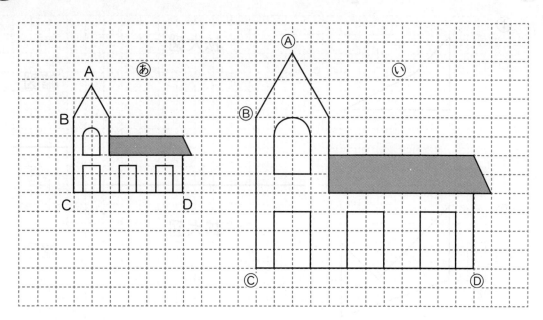

① 対応する辺の長さの比を簡単な整数の比に表しましょう。

　⑦　辺BC：辺⑧ⓒ＝　　　　　：

　⑦　辺CD：辺ⓒⒹ＝　　　　　：

② 対応する角の大きさを求めましょう。

　⑦　角A＝(　　　　　)　　　角Ⓐ＝(　　　　　)

　⑦　角C＝(　　　　　)　　　角ⓒ＝(　　　　　)

③ ①は、⑥の何倍の拡大図ですか。

答え＿＿＿＿＿＿＿＿＿＿

図形の拡大と縮小 ③
拡大図・縮図

① 2倍の拡大図と $\frac{1}{2}$ の縮図をかきましょう。

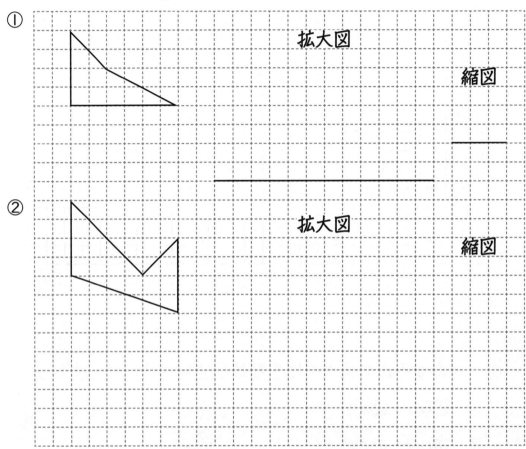

① 拡大図　縮図

② 拡大図　縮図

② $\frac{1}{2}$ の縮図をかきましょう。

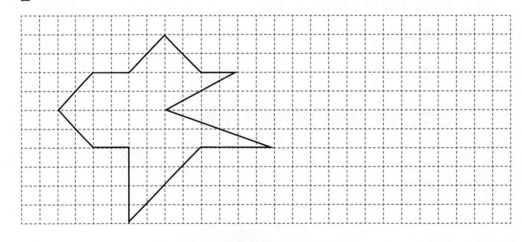

144

図形の拡大と縮小 ④

拡大図・縮図

① 三角形の2倍の拡大図をかきましょう。

①
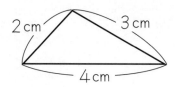

2 cm　3 cm

4 cm

②
3 cm

3 cm　50°

③
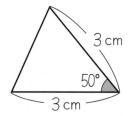

3 cm
45°　40°

② 辺の長さが5cm，3cm，4cmの三角形の2倍の拡大図をかきましょう。

図形の拡大と縮小 ⑤
拡大図・縮図

① 三角形の縮図をかきましょう。

① $\frac{1}{3}$ の縮図

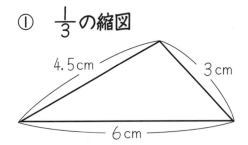

② $\frac{1}{4}$ の縮図

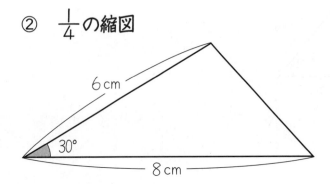

② 次の縮図をかきましょう。

① 辺の長さが10cm，15cm，20cmの三角形の $\frac{1}{5}$ の縮図

② 1辺の長さが24cmで両はしの角度が60°と30°の三角形の $\frac{1}{6}$ の縮図

図形の拡大と縮小 ⑥
拡大図・縮図

① 三角形ABCの2倍の拡大図を点Aを中心にしてかきましょう。

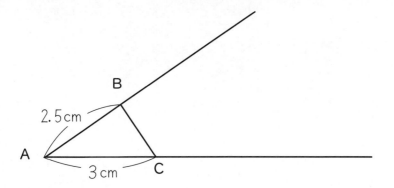

② 三角形ABCの3倍の拡大図を、点Aを中心にしてかきましょう。

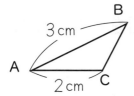

③ 三角形の2倍の拡大図と $\frac{1}{2}$ の縮図を、点Aを中心にしてかきましょう。

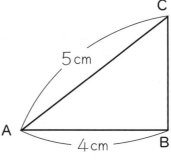

拡大図・縮図

① 四角形の2倍の拡大図と、$\frac{1}{2}$の縮図を、点Aを中心にしてかきましょう。

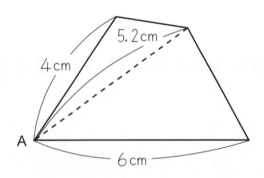

② 次の三角形の2倍の拡大図と、$\frac{1}{2}$の縮図を点A、点B、点C を中心にして、それぞれかきましょう。

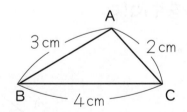

月　日 名前

図形の拡大と縮小 ⑧
縮尺

縮図で、長さを縮めた割合を　縮尺　といいます。

① 縦が25mあるプールの縮図をかきました。縮尺を求めましょう。

プール 25m

縮図上の長さ　：　実際の長さ

2cm　　：　　25m　　＝ 2cm：2500cm

＝ 2：2500

＝ 1：（　　　　　）

上のプールの図の縮尺は1：1250です。縮尺 $\frac{1}{1250}$ ともいいます。

② 地図では、右のような方法で縮尺
を表すことがあります。

① この地図の縮尺はいくらですか。

答え _____

② 三山と古法皇山のきょりは、お
よそ何kmですか。

答え　約 _____

③ 三山と久司山のきょりは、およそ何kmですか。

答え _____

149

月　　日　名前

図形の拡大と縮小 ⑨
縮尺

① 次の問いに答えましょう。

①　実際の長さが1kmで地図上の長さが2cmのとき、地図の縮尺を求めましょう。

式

答え _____

②　実際の長さが5kmで縮尺が$\frac{1}{25000}$のとき、縮図上の長さを求めましょう。

式

答え _____

③　縮尺が$\frac{1}{100000}$の縮図上で3.5cmの長さは、実際の長さでは何kmですか。

式

答え _____

② 次の表の(　　　)に数を入れましょう。

実際の長さ	(　　　)m	5km	2750m	10km
縮図上の長さ	4cm	(　　　)cm	5.5cm	10cm
縮尺	$\frac{1}{1250}$	$\frac{1}{25000}$	(　　　)	(　　　)

150

図形の拡大と縮小 ⑩
縮図から求める

実際の長さ（高さ）を測るのがむずかしいところでも、縮図を
かいて、およその長さ（高さ）を求めることができます。

① 時計台の高さを知りたくて
図のところを測りました。時
計台の高さはおよそ何mです
か。$\frac{1}{1000}$ の縮図をかいて求め
ましょう。

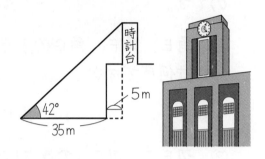

答え _____

② 東京スカイツリーを約500mはなれた高さ135mのビルの屋上
　　から見ると、タワーの先が45度のところに見え
　　るそうです。
　　　縮図をかいて、東京スカイツリーのおよその
　　高さを求めましょう。

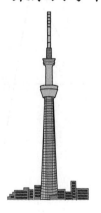

答え _____

まとめ ⑲
図形の拡大と縮小

/50点

① 四角形AEFGは、四角形ABCDを2倍に拡大したものです。

① 角E、角F、角Gの大きさは何度ですか。 (各5点/15点)

角E （ 　　　 ） 　角F （ 　　　　 ） 　角G （ 　　　　 ）

② 辺EF、辺FGの長さは何cmですか。 (各5点/10点)

辺EF （ 　　　　 ） 　　辺FG （ 　　　　 ）

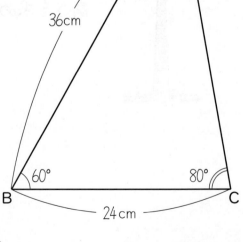

② 三角形ADEは、三角形ABCを縮小したものです。

① 三角形ADEは、三角形ABCの何分の1の縮図ですか。 (10点)

答え _____

② 辺DEの長さは何cmですか。 (10点)

答え _____

③ 角㋐の大きさは何度ですか。 (5点)

答え _____

月　　日　名前

まとめ ⑳
図形の拡大と縮小

/50点

① 図は縮尺が$\frac{1}{200}$の地図にかかれている長方形の土地です。

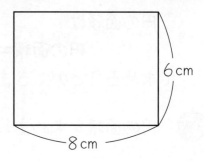

6cm

8cm

① 実際の土地の周りの長さは何mですか。 （10点）

式

答え _____

② 実際の土地の面積は何m²ですか。 （10点）

式

答え _____

③ 縮尺が１：400 の地図で表すとき、この地図の縦と横の長さはそれぞれ何cmですか。 （10点）

答え　縦 _____　横 _____

② 次の□にあてはまる数を求めましょう。 （各10点／20点）

① 縮尺が$\frac{1}{20000}$の地図で15cmの道のりを自転車で走ると、12分かかります。この自転車の速さは、時速 ⬚ km です。

② 縮尺が$\frac{1}{\boxed{}}$の地図で８cmの道のりを時速40km の車で走ると1800秒かかります。

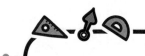

円の面積 ①
半径から求める

円の面積は

円の面積＝半径×半径×3.14

で求めることができます。

🍎 円の面積を求めましょう（円周率_{えんしゅうりつ}は3.14とします）。

①

5 cm

式

答え _____

②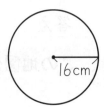

16cm

式

答え _____

③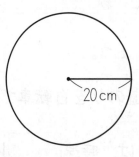

20 cm

式

答え _____

④ 半径9mの円

式

答え _____

直径から求める

円の面積を求めましょう（円周率は3.14とします）。

①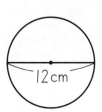

12cm

式

答え _____

②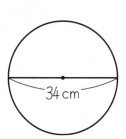

34cm

式

答え _____

③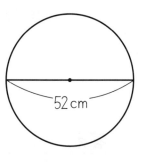

52cm

式

答え _____

④　直径22mの円

式

答え _____

⑤　直径46mの円

式

答え _____

円の面積 ③
ドーナツ形

　▉の面積を求めましょう。

①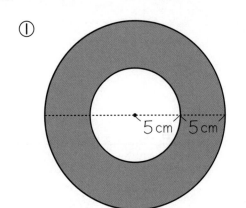

式

答え _____

②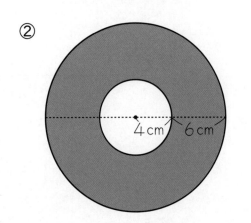

式

答え _____

③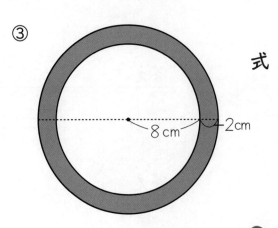

式

答え _____

円の面積 ④
組み合わせた形

 ▨ の面積を求めましょう。

① 式

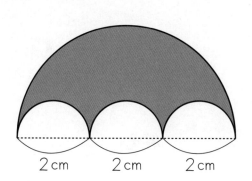

2cm　2cm　2cm

答え _____

② 式

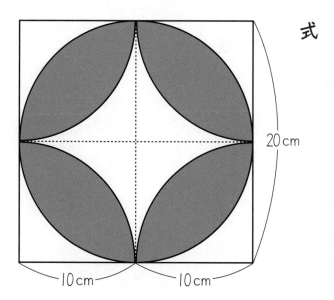

20cm

10cm　10cm

答え _____

円の面積 ⑤
おうぎ形の面積

 おうぎ形の面積を求めましょう。

①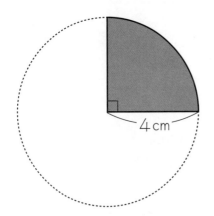

式

答え _____

②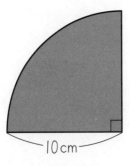

10cm

式

答え _____

③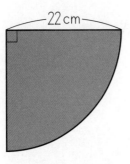

22cm

式

答え _____

④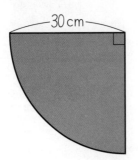

30cm

式

答え _____

円の面積 ⑥
おうぎ形の面積

おうぎ形の面積を求めましょう。

①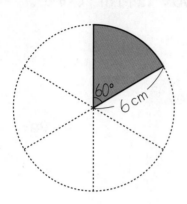

式

答え _____

②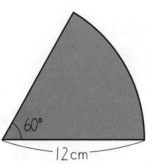

式

答え _____

③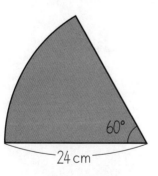

式

答え _____

④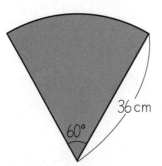

式

答え _____

円の面積 ⑦
円の面積の組み合わせ

長方形のさくのかどに、牛が8mのロープでつながれています。この牛が食べられる草のはんいは何m²ですか。

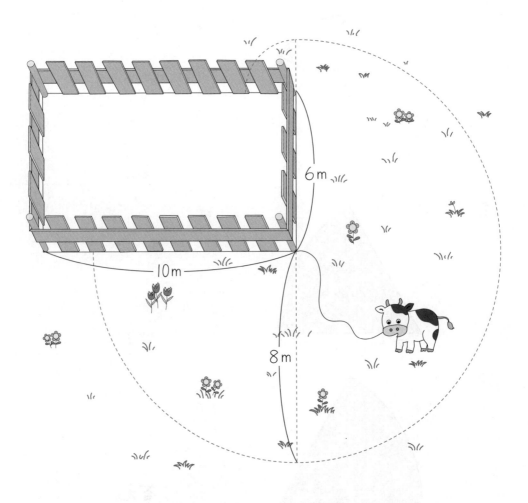

式

答え _____

円の面積 ⑧

円の面積の組み合わせ

角形のさくのかどに、牛が9mのロープでつながれています。
この牛が食べられる草のはんいは何m²ですか。

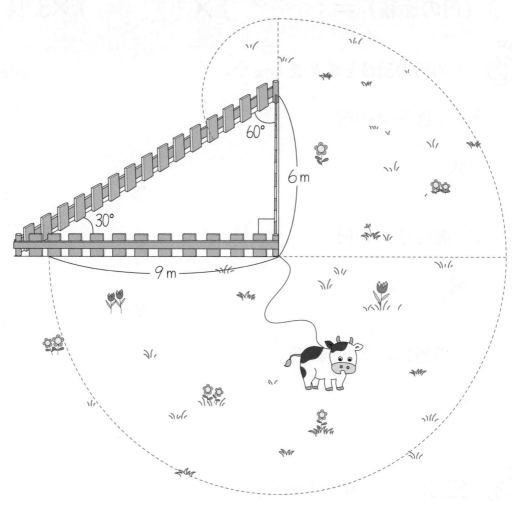

式

答え

月　　日　名前

まとめ ㉑
円の面積

/50点

① 円の面積の公式をかきましょう。 （10点）

（円の面積）＝（　　　　　）×（　　　　　）×3.14

② 次の円の面積を求めましょう。 （各10点／30点）

① 半径5cmの円

式

答え _____

② 直径12cmの円

式

答え _____

③ 円周が43.96cmの円

式

答え _____

③ ▬ の部分の面積を求めましょう。 （10点）

式

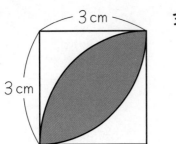

答え _____

まとめ ㉒
円の面積

/50点

🍎 ▬ の部分の面積を求めましょう。

（各10点／50点）

①
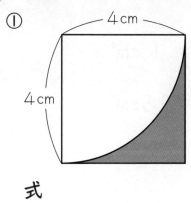
4 cm

4 cm

式

答え _____

②
2 cm

4 cm

式

答え _____

③
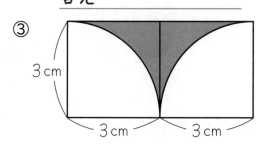
3 cm

3 cm　　3 cm

式

答え _____

④
3 cm

式

答え _____

⑤
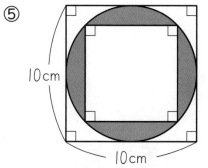
10 cm

10 cm

式

答え _____

およその面積・体積 ①
面積

① 図のような葉の、およその面積を求めましょう。

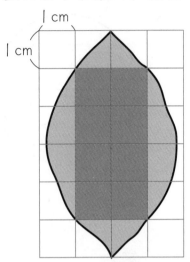

■ ＝ １ cm²

■ ＝ 0.5 cm²

式

答え　約　　　　　　cm²

② 図のような公園の、およその面積を求めましょう。

式

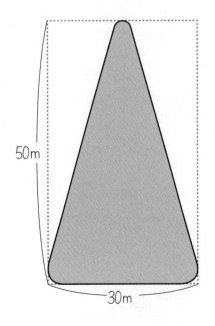

50m

30m

答え　約　　　　　　m²

およその面積・体積 ②
面積

次の島の面積を求めましょう。すべてうまっているマスは1マス、少しだけかかっていたり、欠けていたりするマスは、0.5マスとして数え、マスいくつ分かを求めて、島の面積を求めましょう。

① 鹿児島県屋久島のおよその面積を求めましょう。

0　5　10km

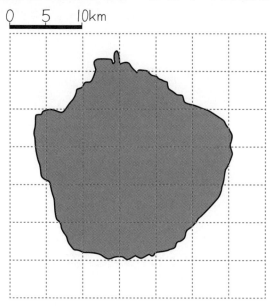

答え ＿＿＿＿＿＿＿＿＿

② 香川県小豆島のおよその面積を求めましょう。

0　5　10km

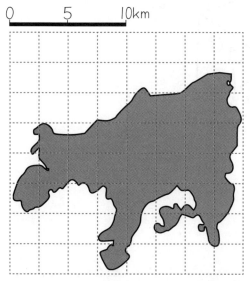

答え ＿＿＿＿＿＿＿＿＿

およその面積・体積 ③
体積

 およその体積を求めましょう。

①

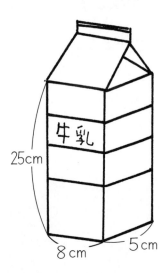

25cm

牛乳

8 cm　　5 cm

式

答え _____

②

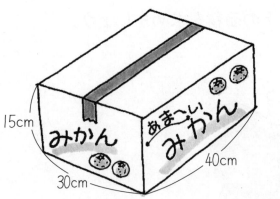

15cm

みかん

あまーい
みかん

40cm

30cm

式

答え _____

およその面積・体積 ④
体積

 およその体積を求めましょう。

①

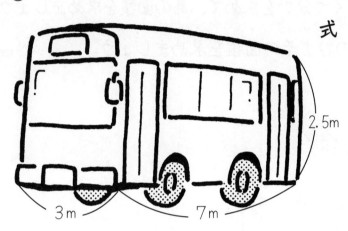

式

2.5m

3m　　　7m

答え _____

②

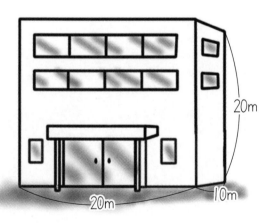

式

20m

20m　　10m

答え _____

まとめ ㉓
およその面積

/50点

次の島の面積を求めましょう。すべてうまっているマスは1マス、少しだけかかっていたり、欠けていたりするマスは、0.5マスとして数え、マスいくつ分かを求めて、島の面積を求めましょう。

① 兵庫県淡路島のおよその面積を求めましょう。 (25点)

0　10　20km

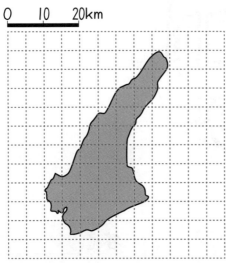

答え _____

② 新潟県佐渡島のおよその面積を求めましょう。 (25点)

0　10　20km

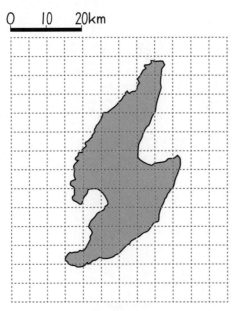

答え _____

月　日 名前

まとめ ㉔
およその体積

/50点

① 浴そうのおよその体積を求めましょう。 (25点)

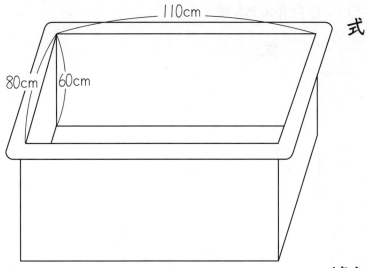

110cm
80cm　60cm

式

答え _____

② タンスのおよその体積を求めましょう。 (25点)

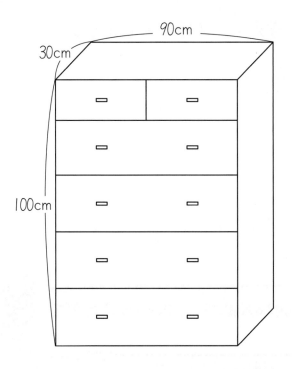

90cm
30cm
100cm

式

答え _____

柱体の体積 ①
三角柱

 次の立体の体積の求め方を考えましょう。

① 直方体を半分にした形の体積

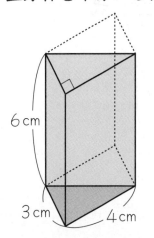

式

答え _____

 このような形を 三角柱 といいます。

② ①の三角柱の底面積を考えて、体積を求めましょう。

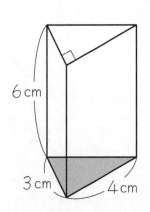

式

答え _____

三角柱の体積も、底面積×高さ で求めることができます。

柱体の体積 ②
三角柱

 次の三角柱の体積を求めましょう。

①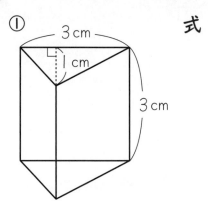

式

答え _____

② 同じ三角柱を２つあわせました。

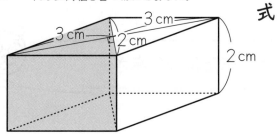

式

答え _____

③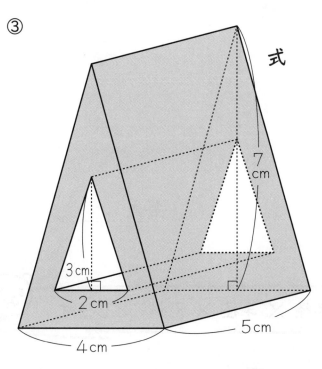

式

答え _____

柱体の体積 ③
円柱

 今まで習ったことをもとにして、次の円柱の体積を求めましょう。

① 　　　　　　　　式

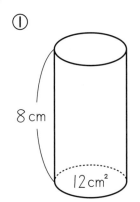

8 cm

12 cm²

答え _____

円柱の体積 ＝ 底面積 × 高さ

② 　　　　　　　　式

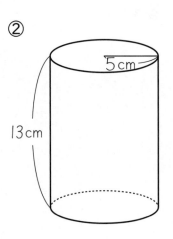

5 cm

13 cm

答え _____

底面積 ＝ 半径 × 半径 × 3.14　とします

柱体の体積 ④
円柱

 次の円柱の体積を求めましょう。

①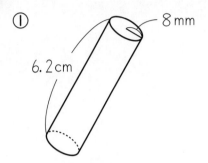

8 mm
6.2 cm

式

答え _____

②

直径5 cm
10 cm

式

答え _____

③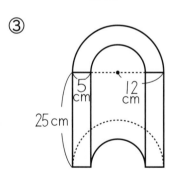

5 cm
12 cm
25 cm

式

答え _____

④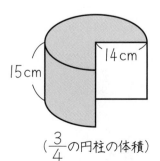

15 cm
14 cm

$\left(\frac{3}{4}\text{の円柱の体積}\right)$

式

答え _____

柱体の体積 ⑤
多角柱

 柱体の体積＝底面積×高さを使って、次の多角柱の体積を求めましょう。

①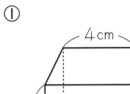

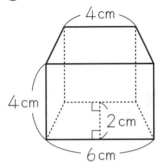

式

答え _____

②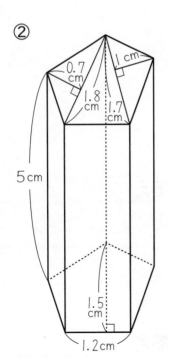

式

答え _____

月　　日 名前

柱体の体積 ⑥

多角柱

 次の柱体の体積を求めましょう。

①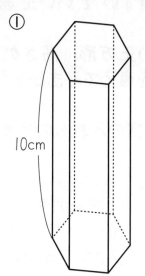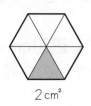

2cm²

10cm

底面は正六角形で、底面を6
つに分けた1つの三角形の面積
は2cm²でした。この正六角柱
の体積を求めましょう。

式

答え _____

②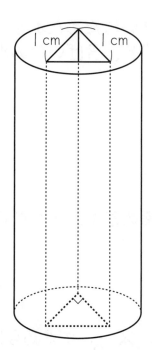

1cm　1cm

半径1.5cm、高さ10cmの円柱に、底
辺と高さが1cmの直角二等辺三角形を
底面とする三角柱の穴をあけました。
体積を求めましょう。

式

答え _____

175

柱体の体積 ⑦
四角すい

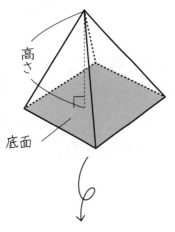

左のように、底面が四角形で、側面が三角形の立体を、四角すい といいます。

底面が１辺10cmの正方形、高さが９cmの四角すいの体積を考えてみましょう。

ひっくり返して、中が空の入れものと考えます。

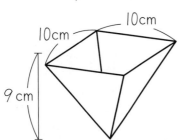 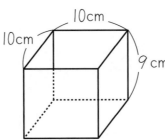

底面が同じ１辺10cmの正方形で、高さが９cmの直方体の入れものの体積を、入る水の量を使って比べます。

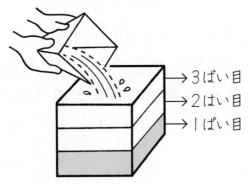

→ 3ばい目
→ 2はい目
→ 1ぱい目

四角すいにためた水を、直方体に注ぐと、３ばい分の水が入ります。

⬇

つまり、四角すいの体積は、同じ底面の形で、高さが同じ直方体の体積の $\dfrac{1}{3}$ です。

$$\boxed{\text{四角すいの体積}} = \boxed{\overset{\text{底面積}}{\text{縦×横}}} \times \boxed{\text{高さ}} \times \dfrac{1}{3} \text{ で求められます。}$$

柱体の体積 ⑧
四角すい

① 左ページの四角すいの体積を求めましょう。

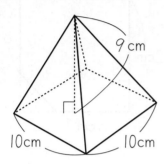

底面積　　　　　高さ
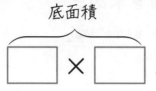
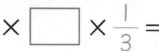

$$\boxed{} \times \boxed{} \times \boxed{} \times \frac{1}{3} =$$

答え＿＿＿＿＿＿＿＿

② 四角すいの体積を求めましょう。

①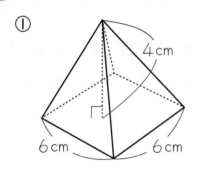

式

答え＿＿＿＿＿＿＿＿

②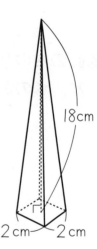

式

答え＿＿＿＿＿＿＿＿

③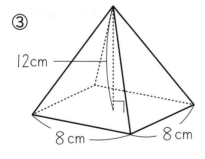

式

答え＿＿＿＿＿＿＿＿

④ 底面が１辺７cmの正方形で、高さが６cmの四角すいの体積。

式

答え＿＿＿＿＿＿＿＿

月　　日 名前

まとめ ㉕
柱体の体積

/50点

① 底面が図のような形で高さが
4cmの五角柱の体積を求めま
しょう。　(式5点、答え10点／15点)

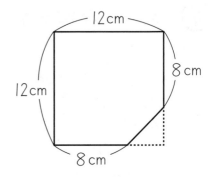

式

答え _____

② 底面の内のりが半径7cmの円で、円柱の容器に水769.3cm³入
れると、水の深さは何cmになりますか。　(式5点、答え10点／15点)

式

答え _____

③ 次の立体の体積を求めましょう。　(式10点、答え10点／20点)

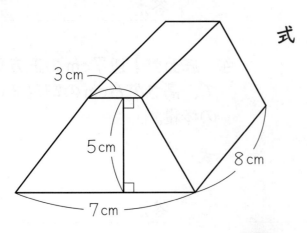

式

答え _____

月　　日 名前

まとめ ㉖
柱体の体積

/50点

次のような立体の体積を求めましょう。

(①～③式5点、答え5点／30点)
(④式10点、答え10点／20点)

①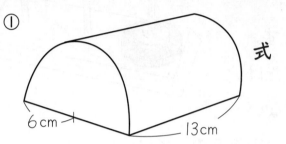

6cm　　13cm

式

答え＿＿＿＿＿＿＿＿＿＿

②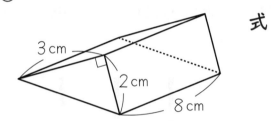

3cm　2cm　8cm

式

答え＿＿＿＿＿＿＿＿＿＿

③　底面が半径3cmの円で、高さが16cmの立体。

式

答え＿＿＿＿＿＿＿＿＿＿

④　底面が図の ▬ 部分のような形で高さが10cmの立体。

式

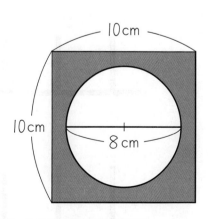

10cm

10cm

8cm

答え＿＿＿＿＿＿＿＿＿＿

考える力をつける ①
ハノイのとう

　右の図のように大中小3枚の穴(あな)の
あいた円板があります。

　次のルールで移動させます。

① 　1回に動かすのは1枚だけ

② 　棒(ぼう)以外の場所には置けない

③ 　小さい円板の上に大きい円板をのせてはいけない

　3枚の円板を右はしの棒に移動するには、どう動かせばよいですか。

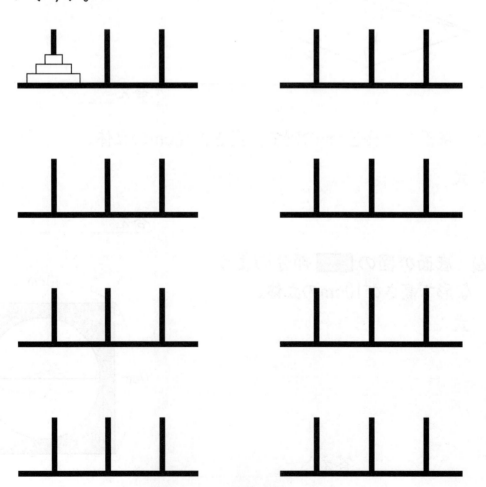

考える力をつける ②
図形の問題

① 図の正十二角形の面積を求めましょう。

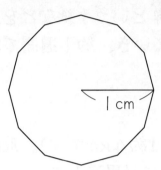

1 cm

答え _____

② B４のテスト用紙を半分に切ると、B５というサイズになります。

　半分にしても形は同じで、横と縦の長さの比は、ほぼ １：1.41 になります。下に紙のサイズを示しました。

　縦の長さ÷横の長さを小数第２位まで求め、比の値がおよそ 1.41 になっているか確かめましょう。

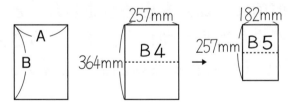

A：B＝１：1.41

考える力をつける ③
旅人算

　江戸時代、東海道を江戸日本橋から京の三条大橋まで行くのに、約半月かかりました。けれど、飛脚という手紙などを届ける人は、マラソン選手なみに走りぬけていき、約1週間で着いたといわれています。

　では、問題です。
　江戸と京の間は126里あります（1里は約4kmです）。飛脚のとらさんは1日に21里、くまさんは1日に14里進みます。

①　とらさんは京を出て江戸へ、くまさんは江戸を出て京へ向かいました。同時に出発すると、とらさんとくまさんは、何日目に出会いますか。

　式

　　　　　　　　　　　　　　　　　　　答え _____

②　とらさんとくまさんが同時に江戸を出発しました。とらさんは、京に着いたらすぐまた江戸へ向かいます。とらさんとくまさんは、江戸を出発してから何日目に出会いますか。

　式

　　　　　　　　　　　　　　　　　　　答え _____

考える力をつける ④
布ぬすっと算

江戸時代に出された吉田光由という人がかいた算術書があります。塵劫記という本で、楽しい問題がたくさんかかれています。

呉服屋に何人組かのどろぼうが入り、反物がたくさんぬすまれました。岡っ引きが追いかけましたが、見失ってしまいました。しかたなく引き返し、橋のたもとまで来たところ、橋の下からこんなひそひそ話が聞こえてきました。

「ぬすんできた反物は、みんなで同じだけ分けることにしよう。はて、だが、8反ずつ分けると7反たらず、7反ずつ分けると8反あまる。どう分けたらよいものか。」

① どろぼうは何人ですか。

式

答え _____

② ぬすまれた反物は何反ですか。

式

答え _____

考える力をつける ⑤
電卓を使って

安土桃山時代、大坂城で豊臣秀吉は、とんちで有名な曽呂利新左衛門と将棋の勝負をして負けました。のぞみの品をといわれて、新左衛門はこれからの1か月（30日）間、米粒をいただきたいといいました。1日目は1粒、2日目は倍の2粒、3日目はまた倍の4粒、4日目はさらに倍の8粒というように。

人々は、もっとましなものをもらえばよかったのにとうわさしました。さて、30日目には、米粒は何粒になりましたか。

10けた以上表示できる電卓を使って調べてみましょう。

1	1	16	
2	1×2＝2	17	
3	2×2＝4	18	
4	4×2＝8	19	
5	8×2＝	20	
6		21	
7		22	
8		23	
9		24	
10		25	
11		26	
12		27	
13		28	
14		29	
15		30	

考える力をつける ⑥
数って美しい

 次の計算を、12けた表示のできる電卓を使ってしましょう。

① 1×9＋2＝

② 12×9＋3＝

③ 123×9＋4＝

④ 1234×9＋5＝

⑤ 12345×9＋6＝

⑥ 123456×9＋7＝

⑦ 1234567×9＋8＝

⑧ 12345678×9＋9＝

⑨ 123456789×9＋10＝

⑩ 12345679×1×9＝

⑪ 12345679×2×9＝

⑫ 12345679×3×9＝

⑬ 12345679×4×9＝

⑭ 12345679×5×9＝

⑮ 12345679×6×9＝

⑯ 12345679×7×9＝

⑰ 12345679×8×9＝

⑱ 12345679×9×9＝

考える力をつける ⑦
川をわたる問題

オオカミとヤギをつれ、キャベツ１個を持った農夫（のうふ）が川の西岸にいます。川には船があります。その船には、農夫とキャベツ１個をのせるか、農夫と動物１頭しかのせることができません。農夫がいなければ、オオカミはヤギをおそうし、ヤギはキャベツを食べてしまいます。すべてを無事に東岸にわたすには、どのように運べばよいですか。

オオカミ ヤギ キャベツ	西岸	➡	東岸
オ　ヤ　キ			

考える力をつける ⑧
川をわたる問題

宣教師が3人と武士が3人、川の西岸にいます。川には2人までのれる船があります。宣教師の数より武士の数が多くなると、宣教師がやられてしまいます。全員無事に東岸にわたるにはどのようにのればよいですか。

宣教師　○○○　　西岸	⇨	東岸
武士　　□□□		

考える力をつける ⑨

ゆいごん

羊を17頭所有していた老人が、ゆいごんを残してなくなりました。ゆいごんには、

「長男に2分の1、次男に3分の1、三男に9分の1となるように分けよ」

とありました。

でも17頭は、2でも3でも9でもわれません。

そこに羊を1頭つれた商人が来て、困っている兄弟にいいました。

「わたしの羊をかしてあげよう」

これで羊は18頭になりました。

長男　$18 \times \dfrac{1}{2} = \boxed{}$ 頭　　次男　$18 \times \dfrac{1}{3} = \boxed{}$ 頭

三男　$18 \times \dfrac{1}{9} = \boxed{}$ 頭

兄弟の合計 $\boxed{}$ 頭

残った羊を商人に返して、無事分配することができました。

考える力をつける ⑩
ゆいごん

① 左のゆいごんで羊は11頭とします。また、ゆいごんは
「長男に2分の1、次男に4分の1、三男に6分の1となるよ
うに分けよ」
とあり、商人から1頭羊をかりました。

長男 $12 \times \dfrac{1}{2} = \boxed{}$ 頭　　　次男 $12 \times \dfrac{1}{4} = \boxed{}$ 頭

三男 $12 \times \dfrac{1}{6} = \boxed{}$ 頭　　　兄弟の合計 $\boxed{}$ 頭

商人に羊を $\boxed{}$ 頭返しました。

② 左のゆいごんで羊は11頭とします。また、ゆいごんは
「長男に2分の1、次男に3分の1、三男に6分の1になるよ
うに分けよ」
とあり、商人から1頭羊をかりました。

長男 $12 \times \dfrac{1}{2} = \boxed{}$ 頭　　　次男 $12 \times \dfrac{1}{3} = \boxed{}$ 頭

三男 $12 \times \dfrac{1}{6} = \boxed{}$ 頭　　　兄弟の合計 $\boxed{}$ 頭

商人に羊を $\boxed{}$ 頭返しました。

上級算数習熟プリント　　小学6年生

2023年 3 月10日　第 1 刷　発行

著　者　加藤　英介

発行者　面屋　洋

企　画　フォーラム・Ａ

発行所　清風堂書店

　　　　〒530-0057　大阪市北区曽根崎 2-11-16
　　　　TEL 06-6316-1460／FAX 06-6365-5607

振替　00920-6-119910

制作編集担当　蒔田　司郎
表紙デザイン　ウエナカデザイン事務所

学力の基礎をきたえどの子も伸ばす研究会

HPアドレス　http://gakuryoku.info/

常任委員長　岸本ひとみ
事務局　〒675-0032 加古川市加古川町備後 178−1−2−102 岸本ひとみ方 ☎・Fax 0794−26−5133

① めざすもの

　私たちは、すべての子どもたちが、日本国憲法と子どもの権利条約の精神に基づき、確かな学力の形成を通して豊かな人格の発達が保障され、民主平和の日本の主権者として成長することを願っています。しかし、発達の基盤ともいうべき学力の基礎を鍛えられないまま落ちこぼれている子どもたちが普遍化し、「荒れ」の情況があちこちで出てきています。

　私たちは、「見える学力、見えない学力」を共に養うこと、すなわち、基礎の学習をやり遂げさせることと、読書やいろいろな体験を積むことを通して、子どもたちが「自信と誇りとやる気」を持てるようになると考えています。

　私たちは、人格の発達が歪められている情況の中で、それを克服し、子どもたちが豊かに成長するような実践に挑戦します。

　そのために、つぎのような研究と活動を進めていきます。
　　①　「読み・書き・計算」を基軸とした学力の基礎をきたえる実践の創造と普及。
　　②　豊かで確かな学力づくりと子どもを励ます指導と評価の探究。
　　③　特別な力量や経験がなくても、その気になれば「いつでも・どこでも・だれでも」ができる実践の普及。
　　④　子どもの発達を軸とした父母・国民・他の民間教育団体との協力、共同。

　私たちの実践が、大多数の教職員や父母・国民の方々に支持され、大きな教育運動になるよう地道な努力を継続していきます。

② 会　　員

・本会の「めざすもの」を認め、会費を納入する人は、会員になることができる。
・会費は、年 4000 円とし、7 月末までに納入すること。①または②

①郵便振替　口座番号　00920−9−319769	②ゆうちょ銀行 ゼロキュウキュウ
名　　称　学力の基礎をきたえどの子も伸ばす研究会	店番099　店名〇九九店　当座0319769

・特典　研究会をする場合、講師派遣の補助を受けることができる。
　　　　大会参加費の割引を受けることができる。
　　　　学力研ニュース、研究会などの案内を無料で送付してもらうことができる。
　　　　自分の実践を学力研ニュースなどに発表することができる。
　　　　研究の部会を作り、会場費などの補助を受けることができる。
　　　　地域サークルを作り、会場費の補助を受けることができる。

③ 活　　　動

全国家庭塾連絡会と協力して以下の活動を行う。
・全 国 大 会　全国の研究、実践の交流、深化をはかる場とし、年 1 回開催する。通常、夏に行う。
・地域別集会　地域の研究、実践の交流、深化をはかる場とし、年 1 回開催する。
・合宿研究会　研究、実践をさらに深化するために行う。
・地域サークル　日常の研究、実践の交流、深化の場であり、本会の基本活動である。
　　　　　　　　可能な限り月 1 回の月例会を行う。
・全国キャラバン　地域の要請に基づいて講師派遣をする。

全 国 家 庭 塾 連 絡 会

① めざすもの

　私たちは、日本国憲法と子どもの権利条約の精神に基づき、すべての子どもたちが確かな学力と豊かな人格を身につけて、わが国の主権者として成長することを願っています。しかし、わが子も含めて、能力があるにもかかわらず、必要な学力が身につかないままになっている子どもたちがたくさんいることに心を痛めています。

　私たちは学力研が追究している教育活動に学びながら、「全国家庭塾連絡会」を結成しました。

　この会は、わが子に家庭学習の習慣化を促すことを主な活動内容とする家庭塾運動の交流と普及を目的としています。

　私たちの試みが、多くの父母や教職員、市民の方々に支持され、地域に根ざした大きな運動になるよう学力研と連携しながら努力を継続していきます。

② 会　　員

本会の「めざすもの」を認め、会費を納入する人は会員になれる。
会費は年額 1500 円とし（団体加入は年額 3000 円）、7 月末までに納入する。
会員は会報や連絡交流会の案内、学力研集会の情報などをもらえる。

事務局　〒564-0041　大阪府吹田市泉町 4−29−13　影浦邦子方　☎・Fax 06−6380−0420
郵便振替　口座番号　00900−1−109969　　名称　全国家庭塾連絡会

上級 算数 **6** 年生
習熟プリント

答え

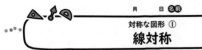

線対称

① 点A、Bを結ぶ直線を引きましょう。

このように、直線ABを折り目にして折ったとき、半分があと半分ときちんと重なり合う図形を、線対称 な図形といいます。
また、直線ABを 対称の軸 といいます。

② 正方形に対称の軸を引きましょう。

正方形のように、対称の軸が2本以上ある図形もあります。

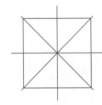

6

対称な図形 ②
線対称

線対称な図形で、対称の軸で折ったとき、きちんと重なり合う1組の点や角や辺を、対応する点、対応する角、対応する辺 といいます。

次の図について答えましょう。

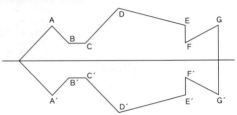

① 対応する点をかきましょう。

点Aと点(A′) 点Bと点(B′)
点Dと点(D′) 点Eと点(E′)

② 対応する角をかきましょう。

角Aと角(A′) 角Cと角(C′) 角Eと角(E′)

③ 対応する線をかきましょう。

辺BCと辺(B′C′) 辺DEと辺(D′E′) 辺FGと辺(F′G′)

7

対称な図形 ③
対称の軸

次の図形の対称の軸は何本ありますか。

① 正三角形 （ 3 ）本
② 二等辺三角形 （ 1 ）本
③ ひし形 （ 2 ）本

④ 正五角形 （ 5 ）本
⑤ 正六角形 （ 6 ）本
⑥ 円 （ 無数にある ）

右の図のように線対称な図形では、対応する点を結ぶ直線は、対称の軸に垂直に交わります。
また、対称の軸から対応する2つの点までの長さは等しくなっています。

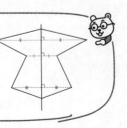

8

対称な図形 ④
対称の軸

次の線対称な図形に、対称の軸をかき入れましょう。

⑦ ⑧ ⑨

⑩ ⑪ ⑫

⑬ ⑭ ⑮

線対称な図形では、

① 対応する辺の長さが等しい。

② 対応する角の大きさが等しい。

③ 対応する点を結ぶ直線は、対称の軸に垂直に交わり2等分される。

9

線対称な図形をかきましょう。

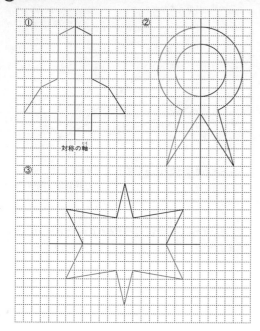

対称の軸

線対称な図形をかきましょう。

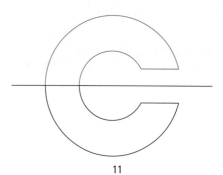

①　②　③

　ある点を中心にして、180°回転させたとき、もとの図形とぴったり重なる図形を 点対称 な図形といいます。
　また、中心の点を 対称の中心 といいます。

　点対称な図形を、対称の中心Oで180°回転させたとき、きちんと重なる点や角、辺を 対応する点、対応する角、対応する辺 といいます。

　点Aには、点Dが対応し、点Bには、点Eが対応します。
　角Aには、角Dが対応し、角Bには、角Eが対応します。
　辺ABには、辺DEが対応し、辺BCには辺EFが対応します。

　点対称な図形について、対応する点、角、辺について答えましょう。

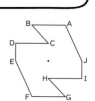

① 点Aに対応する点は
　　→ 点（ F ）

② 点Cに対応する点は
　　→ 点（ H ）

③ 点Jに対応する点は　→ 点（ E ）

④ 角Bに対応する角は　→ 角（ G ）

⑤ 角Cに対応する角は　→ 角（ H ）

⑥ 角Iに対応する角は　→ 角（ D ）

⑦ 辺ABに対応する辺は　→ 辺（ FG ）

⑧ 辺BCに対応する辺は　→ 辺（ GH ）

⑨ 辺HIに対応する辺は　→ 辺（ CD ）

⑩ 辺IJに対応する辺は　→ 辺（ DE ）

対称の中心

点対称な図形では、対応する点を結ぶ直線は対称の中心を通ります。
点Aと点C、点Bと点Dを結んだ直線の交点Oが対称の中心になります。
OA＝OC、OB＝OD です。

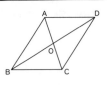

点対称な図形について、対応する点を直線で結びました。次の問いに答えましょう。

① 5本の直線が交わる点を何といいますか。
（　　点対称の中心　　）

② その点から対応する2つの点までの長さはどうなっていますか。
（　　等しい　　）

対称の中心

点対称な図形について、対応する点を直線で結びました。次の問いに答えましょう。

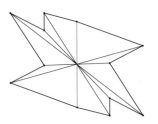

① 6本の直線が交わる点を何といいますか。
（　　点対称の中心　　）

② その点から、対応する2つの点までの長さはどうなっていますか。　　（　　等しい　　）

作図

点対称な図形をかいています。続きをかきましょう。
点Oは対称の中心です。

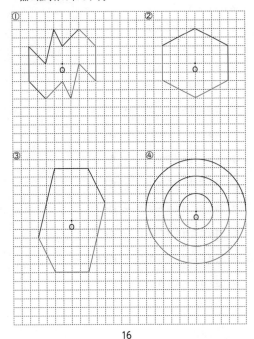

作図

点対称な図形をかきましょう。点Oは対称の中心です。

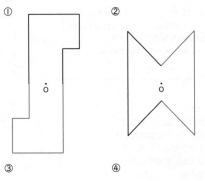

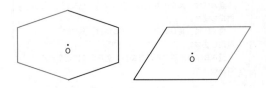

4

対称な図形 ⑬

いろいろな図形の対称性

次の図形の満たす対称性に○をつけ、対称の軸の数を答えましょう。

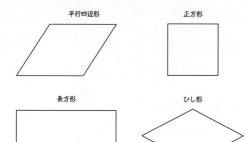

平行四辺形　正方形　長方形　ひし形

	線対称	対称の軸の数	点対称
平行四辺形			○
正方形	○	4	○
長方形	○	2	○
ひし形	○	2	○

18

対称な図形 ⑭

いろいろな図形の対称性

次の図形の満たす対称性に○をつけ、対称の軸の数を答えましょう。

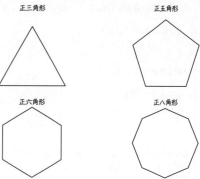

正三角形　正五角形　正六角形　正八角形

	線対称	対称の軸の数	点対称
正三角形	○	3	
正五角形	○	5	
正六角形	○	6	○
正八角形	○	8	○

19

まとめテスト

まとめ ①

対称な図形

/50点

① 計算機の数字を見ます。

① この中で点対称になっている数字はどれですか。（1つ2点／10点）

答え 0, 1, 2, 5, 8

`0 1 2 3 4`
`5 6 7 8 9`

② 計算機の2けたの数字で、点対称になっているものを6つ見つけましょう。（1つ3点／18点）

答え 11, 22, 55, 88, 69, 96

② 図は線対称な図形を表しています。対称の軸をかきましょう。
また、辺ABに対応する辺はどれですか。（各6点／12点）

答え 辺CB

③ 図は点Oを対称の中心とする点対称な図形です。点Aに対応する点Bをかきましょう。（10点）

20

まとめテスト

まとめ ②

対称な図形

/50点

① 次の⑦～④の図形が線対称であれば○を、そうでなければ×をかきましょう。（各10点／40点）

⑦

（ × ）

④

（ ○ ）

⑦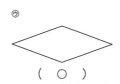

（ ○ ）

④

（ ○ ）

② 平行四辺形ABCDは、点Oを中心とする点対称な図形です。
点Xと点Yは対応する点です。
AB＝15cm で DY＝2cm のとき、AXの長さを求めましょう。（式5点、答え5点／10点）

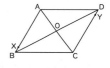

式 BX＝DY＝2
　 AX＝15－2＝13

答え 13cm

21

5

文字と式 ①
代金を表す式

1 １本98円のボールペン３本とノート１冊を買うと、代金は412円でした。ノート１冊の値段は何円ですか。

① ノート１冊の値段をx円として、式に表しましょう。

式　$98×3+x=412$

② x円を求めましょう。

式　$x=412-294$
　　　$=118$

答え　　118円

2 １個128円のチョコレートを何個かと、325円のクッキーのつめ合わせを買ったら、代金は837円でした。チョコレートは何個買いましたか。

① チョコレートをx個買ったとして、式に表しましょう。

式　$128×x+325=837$

② x個を求めましょう。

式　$128×x=837-325$
　　　　　$=512$
　　$x=4$

答え　　4個

22

文字と式 ②
面積を表す式

 底辺の長さが４cmの三角形の面積を表す式を考えます。

① 高さが１cmのとき

三角形の面積＝$4×\boxed{1}÷2$

② 高さが２cmのとき

三角形の面積＝$4×\boxed{2}÷2$

③ 高さが３cmのとき

三角形の面積＝$4×\boxed{3}÷2$

④ 高さが４cmのとき

三角形の面積＝$4×\boxed{4}÷2$

⑤ 高さが$x$cmのとき、三角形の面積を$y$cm²とします。
高さと、三角形の面積の関係を文字x, yを使って式にしましょう。

$y=4×x÷2$
$y=2×x$

23

文字と式 ③
体積を表す式

縦が３cm、横が４cm、高さが$x$cmの直方体の体積を$y$cm³とします。

① 直方体の体積$y$cm³をxを使った式で表しましょう。

$y=3×4×x$

② $x=3$cm のとき、直方体の体積を求めましょう。

$y=12×3$
　$=36$

答え　　36cm³

③ $x=5$cm のとき、直方体の体積を求めましょう。

$y=12×5$
　$=60$

答え　　60cm³

④ $x=7$cm のとき、直方体の体積を求めましょう。

$y=12×7$
　$=84$

答え　　84cm³

24

文字と式 ④
問題文を表す式

1 48 にある数をたすと、61 になりました。
ある数をxとして、式をかいて、求めましょう。

式　$48+x=61$
　　　$x=61-48$
　　　　$=13$

答え　　13

2 ある数から 32 を引くと、42 になりました。
ある数をxとして、式をかいて、求めましょう。

式　$x-32=42$
　　　$x=42+32$
　　　　$=74$

答え　　74

3 ある数を3倍したら、87 になりました。
ある数をxとして、式をかいて、求めましょう。

式　$x×3=87$
　　　$x=87÷3$
　　　　$=29$

答え　　29

4 ある数を8でわったら、12 になりました。
ある数をxとして、式をかいて、求めましょう。

式　$x÷8=12$
　　　$x=12×8$
　　　　$=96$

答え　　96

25

文字と式 ⑤
問題文を表す式

① $x$kg のみかんを箱に入れて重さをはかると $5\frac{7}{20}$ kg でした。箱の重さは 350 g です。みかんの重さは何kgですか。

式　$x + \frac{350}{1000} = 5\frac{7}{20}$

$x = 5\frac{7}{20} - \frac{7}{20} = 5$

答え　　5kg

② 身長$x$cmのりょうさんが高さ35cmのふみ台に乗って背をはかったら、1.83mありました。りょうさんの背の高さは何cmですか。

式　$x + 35 = 183$

$x = 183 - 35$

$= 148$

答え　　148cm

③ 1箱にx個チョコレートが入った箱が13箱とバラが9個あります。チョコレートは全部で165個です。

① 1箱にチョコレートは、何個入っていますか。

式　$x \times 13 + 9 = 165$　　$x \times 13 = 165 - 9$

$x \times 13 = 156$　　$x = 156 \div 13$

$x = 12$

答え　　12個

② 箱代が1箱95円かかります。チョコレート全部と箱代とで15260円かかりました。チョコレート1個の値段y円はいくらですか。

式　$165 \times y + 13 \times 95 = 15260$

$165 \times y = 15260 - 1235 = 14025$

$y = 14025 \div 165 = 85$

答え　　85円

文字と式 ⑥
問題文を表す式

① 針金1mの重さをxgとします。$3\frac{1}{2}$mの重さは$5\frac{5}{6}$gです。針金1mの重さは何gですか。

式　$x \times 3\frac{1}{2} = 5\frac{5}{6}$

$x = 5\frac{5}{6} \div 3\frac{1}{2} = \frac{35 \times 2}{6 \times 7} = \frac{5}{3}$

答え　　$\frac{5}{3}$ g

② ある数xを$4\frac{2}{3}$でわって、$3\frac{4}{5}$をたすと5になります。xを求めましょう。

式　$x \div 4\frac{2}{3} + 3\frac{4}{5} = 5$

$x \div 4\frac{2}{3} = 5 - 3\frac{4}{5} = 1\frac{1}{5}$

$x = 1\frac{1}{5} \times 4\frac{2}{3} = \frac{6 \times 14}{5 \times 3} = \frac{28}{5} = 5\frac{3}{5}$

答え　　$5\frac{3}{5}$

③ ジュースが$4\frac{17}{20}$Lあります。友達と15人でxLずつ飲みましたが、$\frac{3}{5}$Lあまりました。1人何L飲みましたか。

式　$4\frac{17}{20} - 15 \times x = \frac{3}{5}$

$15 \times x = 4\frac{17}{20} - \frac{3}{5} = 4\frac{17}{20} - \frac{12}{20} = 4\frac{5}{20}$

$x = 4\frac{1}{4} \div 15 = \frac{17 \times 1}{4 \times 15} = \frac{17}{60}$

答え　　$\frac{17}{60}$ L

まとめテスト
まとめ ③
文字と式　　/50点

① 次のくだものの中から、同じ種類のものを5個買って300円のかごに入れます。

かき　みかん　りんご　なし　　　　かご

100円　110円　120円　130円

① くだもの1個の値段をx円、代金をy円として、xとyの関係を式に表しましょう。　　(10点)

式　$y = x \times 5 + 300$

② 代金は900円でした。どのくだものを買いましたか。　　(式10点、答え10点/20点)

式　$x \times 5 + 300 = 900$　　$x \times 5 = 600$

$x = 120$

答え　　りんご

② $x \times 4 - 450$ の式で表されるのは、次のどれですか。　　(10点)

⑦ 毎日xページずつ4日間読んで、あと450ページ残っている本の全部のページ数。

④ 450cmのテープから、$x$cmのテープを4本切り取ったときの残りの長さ。

⑦ 毎月x円ずつ4か月ためたお金で、450円の本を買ったときの残りのお金。

答え　　④

③ おはじき3個と50gのビー玉2個の重さの合計をはかります。おはじき1個の重さをxg、合計の重さをygとして、xとyの関係を式に表しましょう。　　(10点)

式　$y = x \times 3 + 50 \times 2$

まとめテスト
まとめ ④
文字と式　　/50点

① 210円のドーナツを何個かと420円のロールケーキを1個買います。　　(各10点/30点)

① ドーナツの個数をx個、全部の代金をy円として、xとyの関係を式に表しましょう。

式　$y = 210 \times x + 420$

② 全部の代金が840円になったとき、何個のドーナツを買いましたか。

式　$210 \times x + 420 = 840$　　$210 \times x = 420$

$x = 2$

答え　　2個

③ 1100円では、ドーナツを何個まで買うことができますか。

式　$210 \times x = 1100 - 420 = 680$

$x = 3$のとき$210 \times 3 = 630$

答え　　3個

② 底辺が$x$cm、高さが8cmの直角三角形の面積を、いろいろな考え方で求めました。次の2つの式は、それぞれどの図から考えたものですか。　　(各10点/20点)

① $(x \times 8) \div 2$　（　⑤　）

② $(x \div 2) \times 8$　（　あ　）

8cm

$x$cm

あ　　　　　　い　　　　　　⑤

8cm　まわす　　8cm　まわす　　8cm

$x$cm　　　　$x$cm　　　　$x$cm

分数のかけ算 ①
かけ算の考え方

1 dL のペンキで、かべが $\frac{2}{5}$ m² ぬれます。
$\frac{2}{3}$ dL では、何m² ぬれるか考えます。

縦を5等分し、横を3等分します。

□ の数は 5×3 で 15 個です。

$\frac{2}{5} \times \frac{2}{3}$ は ■ が4個で

$\frac{4}{15}$ になります。

式　$\frac{2}{5} \times \frac{2}{3} = \frac{2 \times 2}{5 \times 3}$

$= \frac{4}{15} \quad \left(\frac{4}{15} \text{m}^2 \right)$

1 dL のペンキで、かべが $\frac{2}{5}$ m² ぬれます。
$\frac{4}{3}$ dL では、何m² ぬれるか求めましょう。

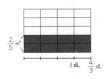

縦5等分、横3等分で、

□ の数は 5×3 で 15 個です。

$\frac{2}{5} \times \frac{4}{3}$ は ■ が8個で $\frac{8}{15}$

式　$\frac{2}{5} \times \frac{4}{3} = \frac{2 \times 4}{5 \times 3}$

$= \frac{8}{15}$

答え　$\frac{8}{15}$ m²

分数のかけ算 ②
かけ算の考え方

① 1時間で $\frac{3}{5}$ a の花だんの手入れをします。$\frac{3}{4}$ 時間では何a の手入れができますか。

式　$\frac{3}{5} \times \frac{3}{4} = \frac{3 \times 3}{5 \times 4}$

$= \frac{9}{20}$

答え　$\frac{9}{20}$ a

② 1 m² の重さが $\frac{7}{8}$ kg のアルミ板があります。このアルミ板 $\frac{3}{5}$ m² の重さは何kgですか。

式　$\frac{7}{8} \times \frac{3}{5} = \frac{7 \times 3}{8 \times 5}$

$= \frac{21}{40}$

答え　$\frac{21}{40}$ kg

分数のかけ算 ③
分数×分数（約分なし）

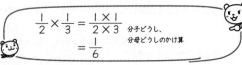

$\frac{1}{2} \times \frac{1}{3} = \frac{1 \times 1}{2 \times 3}$　分子どうし、分母どうしのかけ算

$= \frac{1}{6}$

次の計算をしましょう。

① $\frac{1}{5} \times \frac{2}{3} = \frac{1 \times 2}{5 \times 3}$

$= \frac{2}{15}$

② $\frac{1}{4} \times \frac{3}{5} = \frac{1 \times 3}{4 \times 5}$

$= \frac{3}{20}$

③ $\frac{5}{6} \times \frac{1}{3} = \frac{5 \times 1}{6 \times 3}$

$= \frac{5}{18}$

④ $\frac{3}{7} \times \frac{3}{5} = \frac{3 \times 3}{7 \times 5}$

$= \frac{9}{35}$

⑤ $\frac{2}{5} \times \frac{3}{7} = \frac{2 \times 3}{5 \times 7}$

$= \frac{6}{35}$

⑥ $\frac{3}{4} \times \frac{1}{7} = \frac{3 \times 1}{4 \times 7}$

$= \frac{3}{28}$

⑦ $\frac{3}{5} \times \frac{1}{8} = \frac{3 \times 1}{5 \times 8}$

$= \frac{3}{40}$

⑧ $\frac{1}{4} \times \frac{3}{8} = \frac{1 \times 3}{4 \times 8}$

$= \frac{3}{32}$

分数のかけ算 ④
分数×分数（約分なし）

次の計算をしましょう。

① $\frac{1}{7} \times \frac{1}{4} = \frac{1 \times 1}{7 \times 4}$

$= \frac{1}{28}$

② $\frac{1}{2} \times \frac{3}{4} = \frac{1 \times 3}{2 \times 4}$

$= \frac{3}{8}$

③ $\frac{2}{9} \times \frac{2}{3} = \frac{2 \times 2}{9 \times 3}$

$= \frac{4}{27}$

④ $\frac{2}{3} \times \frac{4}{5} = \frac{2 \times 4}{3 \times 5}$

$= \frac{8}{15}$

⑤ $\frac{7}{5} \times \frac{3}{8} = \frac{7 \times 3}{5 \times 8}$

$= \frac{21}{40}$

⑥ $\frac{4}{5} \times \frac{2}{3} = \frac{4 \times 2}{5 \times 3}$

$= \frac{8}{15}$

⑦ $\frac{5}{7} \times \frac{3}{4} = \frac{5 \times 3}{7 \times 4}$

$= \frac{15}{28}$

⑧ $\frac{3}{7} \times \frac{2}{5} = \frac{3 \times 2}{7 \times 5}$

$= \frac{6}{35}$

⑨ $\frac{2}{3} \times \frac{5}{11} = \frac{2 \times 5}{3 \times 11}$

$= \frac{10}{33}$

⑩ $\frac{3}{4} \times \frac{5}{8} = \frac{3 \times 5}{4 \times 8}$

$= \frac{15}{32}$

分数×分数（約分1回）

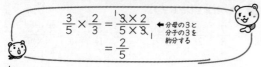

$$\frac{3}{5} \times \frac{2}{3} = \frac{\cancel{3} \times 2}{5 \times \cancel{3}} = \frac{2}{5}$$
← 分母の3と分子の3を約分する

次の計算をしましょう。

① $\frac{5}{6} \times \frac{1}{5} = \frac{\cancel{5} \times 1}{6 \times \cancel{5}} = \frac{1}{6}$

② $\frac{3}{4} \times \frac{1}{6} = \frac{\cancel{3} \times 1}{4 \times \cancel{6}_2} = \frac{1}{8}$

③ $\frac{7}{8} \times \frac{3}{14} = \frac{\cancel{7} \times 3}{8 \times \cancel{14}_2} = \frac{3}{16}$

④ $\frac{2}{7} \times \frac{5}{14} = \frac{\cancel{2} \times 5}{7 \times \cancel{14}_7} = \frac{5}{49}$

⑤ $\frac{5}{9} \times \frac{7}{10} = \frac{\cancel{5} \times 7}{9 \times \cancel{10}_2} = \frac{7}{18}$

⑥ $\frac{4}{7} \times \frac{5}{6} = \frac{\cancel{4}^2 \times 5}{7 \times \cancel{6}_3} = \frac{10}{21}$

⑦ $\frac{2}{7} \times \frac{5}{12} = \frac{\cancel{2} \times 5}{7 \times \cancel{12}_6} = \frac{5}{42}$

⑧ $\frac{8}{9} \times \frac{5}{24} = \frac{\cancel{8} \times 5}{9 \times \cancel{24}_3} = \frac{5}{27}$

34

分数×分数（約分1回）

次の計算をしましょう。

① $\frac{3}{4} \times \frac{7}{18} = \frac{3 \times 7}{4 \times \cancel{18}_6} = \frac{7}{24}$

② $\frac{5}{8} \times \frac{3}{5} = \frac{\cancel{5} \times 3}{8 \times \cancel{5}} = \frac{3}{8}$

③ $\frac{6}{7} \times \frac{5}{12} = \frac{\cancel{6} \times 5}{7 \times \cancel{12}_2} = \frac{5}{14}$

④ $\frac{7}{10} \times \frac{1}{21} = \frac{\cancel{7} \times 1}{10 \times \cancel{21}_3} = \frac{1}{30}$

⑤ $\frac{4}{9} \times \frac{5}{24} = \frac{\cancel{4} \times 5}{9 \times \cancel{24}_6} = \frac{5}{54}$

⑥ $\frac{8}{5} \times \frac{3}{16} = \frac{\cancel{8} \times 3}{5 \times \cancel{16}_2} = \frac{3}{10}$

⑦ $\frac{3}{8} \times \frac{5}{9} = \frac{\cancel{3} \times 5}{8 \times \cancel{9}_3} = \frac{5}{24}$

⑧ $\frac{5}{9} \times \frac{1}{25} = \frac{\cancel{5} \times 1}{9 \times \cancel{25}_5} = \frac{1}{45}$

⑨ $\frac{3}{4} \times \frac{7}{27} = \frac{\cancel{3} \times 7}{4 \times \cancel{27}_9} = \frac{7}{36}$

⑩ $\frac{3}{10} \times \frac{1}{6} = \frac{\cancel{3} \times 1}{10 \times \cancel{6}_2} = \frac{1}{20}$

35

分数×分数（約分1回）

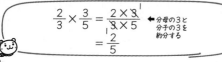

$$\frac{2}{3} \times \frac{3}{5} = \frac{2 \times \cancel{3}}{\cancel{3} \times 5} = \frac{2}{5}$$
← 分母の3と分子の3を約分する

次の計算をしましょう。

① $\frac{5}{6} \times \frac{2}{3} = \frac{5 \times \cancel{2}}{\cancel{6}_3 \times 3} = \frac{5}{9}$

② $\frac{5}{12} \times \frac{4}{7} = \frac{5 \times \cancel{4}}{\cancel{12}_3 \times 7} = \frac{5}{21}$

③ $\frac{3}{8} \times \frac{2}{5} = \frac{3 \times \cancel{2}}{\cancel{8}_4 \times 5} = \frac{3}{20}$

④ $\frac{4}{15} \times \frac{5}{11} = \frac{4 \times \cancel{5}}{\cancel{15}_3 \times 11} = \frac{4}{33}$

⑤ $\frac{5}{9} \times \frac{3}{8} = \frac{5 \times \cancel{3}}{\cancel{9}_3 \times 8} = \frac{5}{24}$

⑥ $\frac{7}{15} \times \frac{5}{8} = \frac{7 \times \cancel{5}}{\cancel{15}_3 \times 8} = \frac{7}{24}$

⑦ $\frac{3}{7} \times \frac{7}{8} = \frac{3 \times \cancel{7}}{\cancel{7} \times 8} = \frac{3}{8}$

⑧ $\frac{7}{12} \times \frac{3}{8} = \frac{7 \times \cancel{3}}{\cancel{12}_4 \times 8} = \frac{7}{32}$

36

分数×分数（約分1回）

次の計算をしましょう。

① $\frac{3}{7} \times \frac{7}{10} = \frac{3 \times \cancel{7}}{\cancel{7} \times 10} = \frac{3}{10}$

② $\frac{3}{4} \times \frac{2}{7} = \frac{3 \times \cancel{2}}{\cancel{4}_2 \times 7} = \frac{3}{14}$

③ $\frac{1}{27} \times \frac{3}{4} = \frac{1 \times \cancel{3}}{\cancel{27}_9 \times 4} = \frac{1}{36}$

④ $\frac{7}{20} \times \frac{5}{6} = \frac{7 \times \cancel{5}}{\cancel{20}_4 \times 6} = \frac{7}{24}$

⑤ $\frac{5}{16} \times \frac{2}{7} = \frac{5 \times \cancel{2}}{\cancel{16}_8 \times 7} = \frac{5}{56}$

⑥ $\frac{5}{8} \times \frac{2}{3} = \frac{5 \times \cancel{2}}{\cancel{8}_4 \times 3} = \frac{5}{12}$

⑦ $\frac{5}{6} \times \frac{8}{9} = \frac{5 \times \cancel{8}^4}{\cancel{6}_3 \times 9} = \frac{20}{27}$

⑧ $\frac{5}{24} \times \frac{6}{11} = \frac{5 \times \cancel{6}}{\cancel{24}_4 \times 11} = \frac{5}{44}$

⑨ $\frac{4}{21} \times \frac{7}{9} = \frac{4 \times \cancel{7}}{\cancel{21}_3 \times 9} = \frac{4}{27}$

⑩ $\frac{3}{5} \times \frac{15}{19} = \frac{3 \times \cancel{15}^3}{\cancel{5} \times 19} = \frac{9}{19}$

37

分数のかけ算 ⑨
分数×分数（約分2回）

$$\frac{4}{5} \times \frac{5}{8} = \frac{\cancel{4} \times \cancel{5}}{\cancel{5} \times \cancel{8}_2} \quad \leftarrow \text{分母の5と分子の5を約分}$$
$$\text{分母の8と分子の4を約分}$$
$$= \frac{1}{2}$$

次の計算をしましょう。

① $\frac{5}{6} \times \frac{2}{5} = \frac{\cancel{5} \times \cancel{2}}{_3\cancel{6} \times \cancel{5}_1}$

$= \frac{1}{3}$

② $\frac{3}{4} \times \frac{2}{3} = \frac{\cancel{3} \times \cancel{2}}{\cancel{4} \times \cancel{3}}$

$= \frac{1}{2}$

③ $\frac{7}{9} \times \frac{3}{7} = \frac{\cancel{7} \times \cancel{3}}{_3\cancel{9} \times \cancel{7}_1}$

$= \frac{1}{3}$

④ $\frac{2}{5} \times \frac{5}{14} = \frac{\cancel{2} \times \cancel{5}}{\cancel{5} \times \cancel{14}_7}$

$= \frac{1}{7}$

⑤ $\frac{3}{4} \times \frac{4}{9} = \frac{\cancel{3} \times \cancel{4}}{\cancel{4} \times \cancel{9}_3}$

$= \frac{1}{3}$

⑥ $\frac{5}{7} \times \frac{7}{10} = \frac{\cancel{5} \times \cancel{7}}{\cancel{7} \times \cancel{10}_2}$

$= \frac{1}{2}$

⑦ $\frac{3}{5} \times \frac{5}{21} = \frac{\cancel{3} \times \cancel{5}}{\cancel{5} \times \cancel{21}_7}$

$= \frac{1}{7}$

⑧ $\frac{4}{21} \times \frac{3}{4} = \frac{\cancel{4} \times \cancel{3}}{\cancel{21} \times \cancel{4}}$

$= \frac{1}{7}$

38

分数のかけ算 ⑩
分数×分数（約分2回）

次の計算をしましょう。

① $\frac{7}{8} \times \frac{4}{21} = \frac{\cancel{7} \times \cancel{4}}{_2\cancel{8} \times \cancel{21}_3}$

$= \frac{1}{6}$

② $\frac{5}{14} \times \frac{7}{10} = \frac{\cancel{5} \times \cancel{7}}{_2\cancel{14} \times \cancel{10}_2}$

$= \frac{1}{4}$

③ $\frac{7}{15} \times \frac{5}{21} = \frac{\cancel{7} \times \cancel{5}}{_3\cancel{15} \times \cancel{21}_3}$

$= \frac{1}{9}$

④ $\frac{25}{28} \times \frac{14}{15} = \frac{_5\cancel{25} \times \cancel{14}}{_2\cancel{28} \times \cancel{15}_3}$

$= \frac{5}{6}$

⑤ $\frac{5}{32} \times \frac{8}{15} = \frac{\cancel{5} \times \cancel{8}}{_4\cancel{32} \times \cancel{15}_3}$

$= \frac{1}{12}$

⑥ $\frac{5}{12} \times \frac{4}{5} = \frac{\cancel{5} \times \cancel{4}}{_3\cancel{12} \times \cancel{5}_1}$

$= \frac{1}{3}$

⑦ $\frac{3}{10} \times \frac{5}{9} = \frac{\cancel{3} \times \cancel{5}}{_2\cancel{10} \times \cancel{9}_3}$

$= \frac{1}{6}$

⑧ $\frac{9}{16} \times \frac{10}{27} = \frac{\cancel{9} \times \cancel{10}^5}{_8\cancel{16} \times \cancel{27}_3}$

$= \frac{5}{24}$

⑨ $\frac{5}{21} \times \frac{9}{10} = \frac{\cancel{5} \times \cancel{9}^3}{_7\cancel{21} \times \cancel{10}_2}$

$= \frac{3}{14}$

⑩ $\frac{7}{8} \times \frac{6}{35} = \frac{\cancel{7} \times \cancel{6}^3}{_4\cancel{8} \times \cancel{35}_5}$

$= \frac{3}{20}$

39

分数のかけ算 ⑪
分数×整数（約分なし）

$$\frac{2}{5} \times 2 = \frac{2 \times 2}{5 \times 1} \quad \leftarrow 2\text{は}\frac{2}{1}\text{と考える}$$
$$= \frac{4}{5}$$

次の計算をしましょう。

① $\frac{1}{5} \times 2 = \frac{1 \times 2}{5 \times 1}$

$= \frac{2}{5}$

② $\frac{1}{3} \times 2 = \frac{1 \times 2}{3 \times 1}$

$= \frac{2}{3}$

③ $\frac{1}{6} \times 5 = \frac{1 \times 5}{6 \times 1}$

$= \frac{5}{6}$

④ $\frac{3}{7} \times 2 = \frac{3 \times 2}{7 \times 1}$

$= \frac{6}{7}$

⑤ $\frac{4}{9} \times 2 = \frac{4 \times 2}{9 \times 1}$

$= \frac{8}{9}$

⑥ $\frac{3}{10} \times 3 = \frac{3 \times 3}{10 \times 1}$

$= \frac{9}{10}$

⑦ $\frac{1}{12} \times 7 = \frac{1 \times 7}{12 \times 1}$

$= \frac{7}{12}$

⑧ $\frac{2}{15} \times 4 = \frac{2 \times 4}{15 \times 1}$

$= \frac{8}{15}$

40

分数のかけ算 ⑫
分数×整数（約分あり）

$$\frac{4}{15} \times 3 = \frac{4 \times \cancel{3}}{\cancel{15} \times 1} \quad \leftarrow \text{約分あり}$$
$$= \frac{4}{5}$$

次の計算をしましょう。

① $\frac{1}{6} \times 3 = \frac{1 \times \cancel{3}}{_2\cancel{6} \times 1}$

$= \frac{1}{2}$

② $\frac{1}{8} \times 2 = \frac{1 \times \cancel{2}}{_4\cancel{8} \times 1}$

$= \frac{1}{4}$

③ $\frac{5}{16} \times 2 = \frac{5 \times \cancel{2}}{_8\cancel{16} \times 1}$

$= \frac{5}{8}$

④ $\frac{2}{21} \times 7 = \frac{2 \times \cancel{7}}{_3\cancel{21} \times 1}$

$= \frac{2}{3}$

⑤ $\frac{3}{25} \times 5 = \frac{3 \times \cancel{5}}{_5\cancel{25} \times 1}$

$= \frac{3}{5}$

⑥ $\frac{3}{20} \times 6 = \frac{3 \times \cancel{6}^3}{_{10}\cancel{20} \times 1}$

$= \frac{9}{10}$

⑦ $\frac{1}{24} \times 9 = \frac{1 \times \cancel{9}^3}{_8\cancel{24} \times 1}$

$= \frac{3}{8}$

⑧ $\frac{7}{30} \times 4 = \frac{7 \times \cancel{4}^2}{_{15}\cancel{30} \times 1}$

$= \frac{14}{15}$

41

分数のかけ算 ⑬
整数×分数（約分なし）

$$3 \times \frac{1}{5} = \frac{3 \times 1}{1 \times 5} \quad \leftarrow 3 は \frac{3}{1} と考える$$
$$= \frac{3}{5}$$

次の計算をしましょう。

① $2 \times \frac{2}{5} = \frac{2 \times 2}{1 \times 5}$
$= \frac{4}{5}$

② $3 \times \frac{1}{7} = \frac{3 \times 1}{1 \times 7}$
$= \frac{3}{7}$

③ $4 \times \frac{1}{5} = \frac{4 \times 1}{1 \times 5}$
$= \frac{4}{5}$

④ $3 \times \frac{1}{8} = \frac{3 \times 1}{1 \times 8}$
$= \frac{3}{8}$

⑤ $5 \times \frac{1}{8} = \frac{5 \times 1}{1 \times 8}$
$= \frac{5}{8}$

⑥ $6 \times \frac{1}{7} = \frac{6 \times 1}{1 \times 7}$
$= \frac{6}{7}$

⑦ $8 \times \frac{1}{9} = \frac{8 \times 1}{1 \times 9}$
$= \frac{8}{9}$

⑧ $4 \times \frac{2}{11} = \frac{4 \times 2}{1 \times 11}$
$= \frac{8}{11}$

42

分数のかけ算 ⑭
整数×分数（約分あり）

$$3 \times \frac{2}{9} = \frac{\overset{1}{3} \times 2}{1 \times \underset{3}{9}} \quad \leftarrow 約分あり$$
$$= \frac{2}{3}$$

次の計算をしましょう。答えの仮分数はそのままで構いません。

① $3 \times \frac{2}{15} = \frac{\overset{1}{3} \times 2}{1 \times \underset{5}{15}}$
$= \frac{2}{5}$

② $4 \times \frac{3}{8} = \frac{4 \times 3}{1 \times \underset{2}{8}}$
$= \frac{3}{2}$

③ $3 \times \frac{5}{12} = \frac{\overset{1}{3} \times 5}{1 \times \underset{4}{12}}$
$= \frac{5}{4}$

④ $6 \times \frac{5}{36} = \frac{\overset{1}{6} \times 5}{1 \times \underset{6}{36}}$
$= \frac{5}{6}$

⑤ $3 \times \frac{5}{21} = \frac{\overset{1}{3} \times 5}{1 \times \underset{7}{21}}$
$= \frac{5}{7}$

⑥ $8 \times \frac{3}{32} = \frac{\overset{1}{8} \times 3}{1 \times \underset{4}{32}}$
$= \frac{3}{4}$

⑦ $9 \times \frac{5}{72} = \frac{\overset{1}{9} \times 5}{1 \times \underset{8}{72}}$
$= \frac{5}{8}$

⑧ $8 \times \frac{1}{24} = \frac{\overset{1}{8} \times 1}{1 \times \underset{3}{24}}$
$= \frac{1}{3}$

43

分数のかけ算 ⑮
帯分数のかけ算

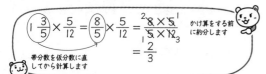

$$\left(1\frac{3}{5}\right) \times \frac{5}{12} = \left(\frac{8}{5}\right) \times \frac{5}{12} = \frac{\overset{2}{8} \times \overset{1}{5}}{\underset{1}{5} \times \underset{3}{12}}$$
$$= \frac{2}{3}$$

かけ算をする前に約分します

帯分数を仮分数に直してから計算します

次の計算をしましょう。答えの仮分数は、帯分数にしましょう。

① $2\frac{4}{5} \times \frac{5}{7} = \frac{\overset{2}{14} \times \overset{1}{5}}{\underset{1}{5} \times \underset{1}{7}}$
$= 2$

② $3\frac{3}{4} \times \frac{2}{5} = \frac{\overset{3}{15} \times \overset{1}{2}}{\underset{2}{4} \times \underset{1}{5}}$
$= \frac{3}{2} = 1\frac{1}{2}$

③ $2\frac{2}{5} \times 1\frac{7}{8} = \frac{\overset{3}{12} \times \overset{3}{15}}{\underset{1}{5} \times \underset{2}{8}}$
$= \frac{9}{2} = 4\frac{1}{2}$

④ $1\frac{1}{5} \times 2\frac{7}{9} = \frac{\overset{2}{6} \times \overset{5}{25}}{\underset{1}{5} \times \underset{3}{9}}$
$= \frac{10}{3} = 3\frac{1}{3}$

⑤ $3\frac{1}{3} \times 4\frac{1}{5} = \frac{\overset{2}{10} \times \overset{7}{21}}{\underset{1}{3} \times \underset{1}{5}}$
$= 14$

⑥ $\frac{3}{11} \times 1\frac{2}{9} = \frac{\overset{1}{3} \times \overset{1}{11}}{\underset{1}{11} \times \underset{3}{9}}$
$= \frac{1}{3}$

⑦ $1\frac{1}{8} \times 1\frac{1}{3} = \frac{\overset{3}{9} \times \overset{1}{4}}{\underset{2}{8} \times \underset{1}{3}}$
$= \frac{3}{2} = 1\frac{1}{2}$

⑧ $1\frac{4}{5} \times 2\frac{2}{9} = \frac{\overset{1}{9} \times \overset{4}{20}}{\underset{1}{5} \times \underset{1}{9}}$
$= 4$

44

分数のかけ算 ⑯
帯分数のかけ算

次の計算をしましょう。答えの仮分数は、帯分数にしましょう。

① $2\frac{1}{2} \times 2\frac{2}{5} = \frac{\overset{1}{5} \times \overset{6}{12}}{\underset{1}{2} \times \underset{1}{5}}$
$= 6$

② $1\frac{3}{4} \times 2\frac{4}{7} = \frac{\overset{1}{7} \times \overset{9}{18}}{\underset{2}{4} \times \underset{1}{7}}$
$= \frac{9}{2} = 4\frac{1}{2}$

③ $2\frac{6}{7} \times 2\frac{1}{10} = \frac{\overset{2}{20} \times \overset{3}{21}}{\underset{1}{7} \times \underset{1}{10}}$
$= 6$

④ $2\frac{2}{9} \times 6\frac{3}{5} = \frac{\overset{4}{20} \times \overset{11}{33}}{\underset{3}{9} \times \underset{1}{5}}$
$= \frac{44}{3} = 14\frac{2}{3}$

⑤ $1\frac{1}{11} \times 8\frac{1}{4} = \frac{\overset{3}{12} \times \overset{3}{33}}{\underset{1}{11} \times \underset{1}{4}}$
$= 9$

⑥ $5\frac{1}{2} \times 1\frac{9}{11} = \frac{\overset{1}{11} \times \overset{10}{20}}{\underset{1}{2} \times \underset{1}{11}}$
$= 10$

⑦ $8\frac{2}{3} \times 1\frac{2}{13} = \frac{\overset{2}{26} \times \overset{5}{15}}{\underset{1}{3} \times \underset{1}{13}}$
$= 10$

⑧ $1\frac{5}{13} \times 4\frac{7}{8} = \frac{\overset{9}{18} \times \overset{3}{39}}{\underset{1}{13} \times \underset{4}{8}}$
$= \frac{27}{4} = 6\frac{3}{4}$

⑨ $2\frac{1}{7} \times 9\frac{1}{3} = \frac{\overset{5}{15} \times \overset{4}{28}}{\underset{1}{7} \times \underset{1}{3}}$
$= 20$

⑩ $2\frac{5}{8} \times 2\frac{2}{7} = \frac{\overset{3}{21} \times \overset{2}{16}}{\underset{1}{8} \times \underset{1}{7}}$
$= 6$

45

分数のかけ算⑰
文章題

① 1mの重さが2 $\frac{4}{9}$ kgの鉄の棒があります。この鉄の棒3 $\frac{3}{8}$ mの重さは何kgですか。帯分数で答えましょう。

式　$2\frac{4}{9} \times 3\frac{3}{8} = \frac{22 \times 27}{9 \times 8} = \frac{33}{4} = 8\frac{1}{4}$

答え　$8\frac{1}{4}$ kg

② 底辺が8 $\frac{2}{5}$ cm、高さが7 $\frac{1}{7}$ cmの三角形の面積を求めましょう。

式　$8\frac{2}{5} \times 7\frac{1}{7} \times \frac{1}{2} = \frac{42 \times 50 \times 1}{5 \times 7 \times 2} = 30$

答え　30cm²

③ 縦3 $\frac{8}{9}$ m、横5 $\frac{1}{7}$ mの長方形の花だんの面積を求めましょう。

式　$3\frac{8}{9} \times 5\frac{1}{7} = \frac{35 \times 36}{9 \times 7} = 20$

答え　20m²

④ 対角線の長さが2 $\frac{1}{24}$ mと1 $\frac{19}{35}$ mのひし形の面積を帯分数で求めましょう。

式　$2\frac{1}{24} \times 1\frac{19}{35} \times \frac{1}{2} = \frac{49 \times 54 \times 1}{24 \times 35 \times 2} = \frac{63}{40} = 1\frac{23}{40}$

答え　$1\frac{23}{40}$ m²

46

分数のかけ算⑱
文章題

① 面積が18 $\frac{2}{3}$ m²の花だんの $\frac{6}{7}$ に花を植えました。花を植えたところの面積は何m²ですか。

式　$18\frac{2}{3} \times \frac{6}{7} = \frac{56 \times 6}{3 \times 7} = 16$

答え　16m²

② 底辺1 $\frac{2}{3}$ cm、高さ2 $\frac{1}{4}$ cmの三角形の面積を帯分数で求めましょう。

式　$1\frac{2}{3} \times 2\frac{1}{4} \times \frac{1}{2} = \frac{5 \times 9 \times 1}{3 \times 4 \times 2} = \frac{15}{8} = 1\frac{7}{8}$

答え　$1\frac{7}{8}$ cm²

③ 縦5 $\frac{2}{5}$ m、横2 $\frac{2}{9}$ m、高さ3 $\frac{3}{4}$ mの直方体の体積を求めましょう。

式　$5\frac{2}{5} \times 2\frac{2}{9} \times 3\frac{3}{4} = \frac{27 \times 20 \times 15}{5 \times 9 \times 4} = 45$

答え　45m³

④ 高速道路を時速90kmで1 $\frac{2}{3}$ 時間走りました。何km進みましたか。

式　$90 \times 1\frac{2}{3} = \frac{90 \times 5}{1 \times 3} = 150$

答え　150km

47

分数のかけ算⑲
逆数

かけ算した結果の積が1になる数を考えます。
$\frac{3}{5}$ に何をかけると1になるか。$\frac{3}{5} \times \frac{5}{3} = 1$
4に何をかけると1になるか。$4 \times \frac{1}{4} = 1$
このように、2つの数の積が1になるとき、一方の数を他方の数の 逆数 といいます。

次の数の逆数を求めましょう。

① $\frac{2}{5} \to \frac{5}{2}$　　② $\frac{2}{7} \to \frac{7}{2}$　　③ $\frac{3}{4} \to \frac{4}{3}$

④ $\frac{1}{2} \to 2$　　⑤ $\frac{1}{3} \to 3$　　⑥ $\frac{1}{5} \to 5$

⑦ $4 \to \frac{1}{4}$　　⑧ $6 \to \frac{1}{6}$　　⑨ $7 \to \frac{1}{7}$

⑩ $1\frac{1}{2} \to \frac{2}{3}$　　⑪ $1\frac{1}{3} \to \frac{3}{4}$　　⑫ $1\frac{2}{5} \to \frac{5}{7}$

48

分数のかけ算⑳
逆数

小数の逆数を求めるときには、まず小数を分数に直してから逆数を求めます。

$0.7 = \frac{7}{10} \to$ 逆数は $\frac{10}{7}$

$1.3 = \frac{13}{10} \to$ 逆数は $\frac{10}{13}$

次の数の逆数を求めましょう。

① $0.3 = \frac{3}{10} \to \frac{10}{3}$　　　② $1.7 = \frac{17}{10} \to \frac{10}{17}$

③ $0.1 = \frac{1}{10} \to 10$　　　④ $1.1 = \frac{11}{10} \to \frac{10}{11}$

⑤ $0.2 = \frac{1}{5} \to 5$　　　⑥ $0.5 = \frac{1}{2} \to 2$

⑦ $1.2 = \frac{6}{5} \to \frac{5}{6}$　　　⑧ $1.5 = \frac{3}{2} \to \frac{2}{3}$

⑨ $1.6 = \frac{8}{5} \to \frac{5}{8}$　　　⑩ $1.8 = \frac{9}{5} \to \frac{5}{9}$

49

まとめ⑤ 分数のかけ算 /50点

① 次の計算をしましょう。 (各5点／30点)

① $\dfrac{4}{7} \times \dfrac{5}{6} = \dfrac{\overset{2}{4} \times 5}{7 \times \underset{3}{6}}$
　　$= \dfrac{10}{21}$

② $\dfrac{3}{4} \times \dfrac{2}{7} = \dfrac{3 \times \overset{1}{2}}{\underset{2}{4} \times 7}$
　　$= \dfrac{3}{14}$

③ $\dfrac{7}{8} \times \dfrac{4}{21} = \dfrac{\overset{1}{7} \times \overset{1}{4}}{\underset{2}{8} \times \underset{3}{21}}$
　　$= \dfrac{1}{6}$

④ $\dfrac{9}{16} \times \dfrac{10}{27} = \dfrac{\overset{1}{9} \times \overset{5}{10}}{\underset{8}{16} \times \underset{3}{27}}$
　　$= \dfrac{5}{24}$

⑤ $\dfrac{5}{16} \times 2 = \dfrac{5 \times \overset{1}{2}}{\underset{8}{16} \times 1}$
　　$= \dfrac{5}{8}$

⑥ $1\dfrac{3}{4} \times 2\dfrac{4}{7} = \dfrac{\overset{1}{7} \times \overset{9}{18}}{\underset{2}{4} \times \underset{1}{7}}$
　　$= \dfrac{9}{2} = 4\dfrac{1}{2}$

② 1dLで $\dfrac{5}{9}$m²の板がぬれるペンキがあります。このペンキ $\dfrac{4}{5}$dLでは、何m²の板がぬれますか。 (図2点、式3点、答え5点／10点)

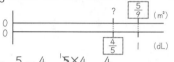

式 $\dfrac{5}{9} \times \dfrac{4}{5} = \dfrac{\overset{1}{5} \times 4}{9 \times \underset{1}{5}} = \dfrac{4}{9}$　　答え $\dfrac{4}{9}$ m²

③ 1Lの重さが $\dfrac{8}{9}$kgの米があります。この米 $2\dfrac{1}{4}$L の重さは何kgですか。 (式5点、答え5点／10点)

式 $\dfrac{8}{9} \times 2\dfrac{1}{4} = \dfrac{\overset{2}{8} \times \overset{1}{9}}{\underset{1}{9} \times \underset{1}{4}} = 2$　　答え 2kg

50

まとめ⑥ 分数のかけ算 /50点

① 次の図形の面積・体積を求めましょう。 (式5点、答え5点／30点)

① 底辺 $2\dfrac{2}{3}$cm、高さ $2\dfrac{1}{4}$cmの三角形の面積を答えましょう。

式 $2\dfrac{2}{3} \times 2\dfrac{1}{4} \times \dfrac{1}{2} = \dfrac{\overset{4}{8} \times \overset{3}{9} \times 1}{\underset{1}{3} \times \underset{1}{4} \times \underset{1}{2}} = 3$　　答え 3 cm²

② 底辺が $2\dfrac{4}{7}$m、高さが $1\dfrac{3}{4}$mの平行四辺形の面積を帯分数で答えましょう。

式 $2\dfrac{4}{7} \times 1\dfrac{3}{4} = \dfrac{\overset{9}{18} \times \overset{1}{7}}{\underset{1}{7} \times \underset{2}{4}} = \dfrac{9}{2} = 4\dfrac{1}{2}$　　答え $4\dfrac{1}{2}$ m²

③ 縦が $6\dfrac{1}{4}$cm、横が $2\dfrac{2}{9}$cm、高さが $3\dfrac{3}{4}$cmの直方体の体積を帯分数で答えましょう。

式 $6\dfrac{1}{4} \times 2\dfrac{2}{9} \times 3\dfrac{3}{4} = \dfrac{25 \times \overset{5}{20} \times 15}{\underset{1}{4} \times \underset{1}{9} \times \underset{1}{4}}$
　　$= \dfrac{625}{12} = 52\dfrac{1}{12}$　　答え $52\dfrac{1}{12}$ cm³

② 面積が $8\dfrac{2}{5}$m²の花だんの $\dfrac{6}{7}$に花を植えました。花を植えた面積は何m²ですか。帯分数で答えましょう。 (式5点、答え5点／10点)

式 $8\dfrac{2}{5} \times \dfrac{6}{7} = \dfrac{\overset{6}{42} \times 6}{5 \times \underset{1}{7}} = \dfrac{36}{5} = 7\dfrac{1}{5}$　　答え $7\dfrac{1}{5}$ m²

③ $\boxed{5}$、$\boxed{8}$、$\boxed{10}$ の3つの数をあてはめて、式を完成させます。すべての場合を答えましょう。 (式1つ5点／10点)

$\dfrac{\boxed{10}}{3} \times \dfrac{2}{\boxed{5}} \times \dfrac{6}{\boxed{8}} = 1$　　　$\dfrac{\boxed{10}}{3} \times \dfrac{2}{\boxed{8}} \times \dfrac{6}{\boxed{5}} = 1$

51

分数のわり算① わり算の考え方

$\dfrac{2}{5}$m²のかべをぬるのに、ペンキ $\dfrac{3}{4}$dL 使います。ペンキ1dLで何m²のかべがぬれますか。

□ 1つ分の大きさは $\dfrac{1}{15}$です。

■ は1dLでぬれる大きさで8個で $\dfrac{8}{15}$ になります。

式 $\dfrac{2}{5} \div \dfrac{3}{4} = \dfrac{2}{5} \times \dfrac{4}{3} = \dfrac{2 \times 4}{5 \times 3}$ （逆数）
　　$= \dfrac{8}{15}$　　$\left(\dfrac{8}{15} \text{m}^2 \right)$

$\dfrac{2}{5}$m²のかべをぬるのに、ペンキ $\dfrac{5}{4}$dL 使います。ペンキ1dLで何m²のかべがぬれますか。

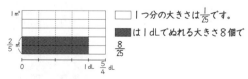

□ 1つ分の大きさは $\dfrac{1}{25}$です。

■ は1dLでぬれる大きさ8個で $\dfrac{8}{25}$

式 $\dfrac{2}{5} \div \dfrac{5}{4} = \dfrac{2}{5} \times \dfrac{4}{5} = \dfrac{2 \times 4}{5 \times 5}$
　　$= \dfrac{8}{25}$　　答え $\dfrac{8}{25}$ m²

52

分数のわり算② わり算の考え方

① $\dfrac{4}{5}$m²のかべをぬるのに、ペンキを $\dfrac{2}{3}$dL 使います。ペンキ1dLでは、何m²のかべがぬれますか。

式 $\dfrac{4}{5} \div \dfrac{2}{3} = \dfrac{4}{5} \times \dfrac{3}{2}$
　　$= \dfrac{\overset{2}{4} \times 3}{5 \times \underset{1}{2}}$
　　$= \dfrac{6}{5}$ $\left(1\dfrac{1}{5} \right)$

　　答え $\dfrac{6}{5}$ m² $\left(1\dfrac{1}{5} \text{m}^2 \right)$

② $\dfrac{4}{5}$ha耕すのに $\dfrac{3}{5}$時間かかるトラクターで、1時間耕すと何haになりますか。

式 $\dfrac{4}{5} \div \dfrac{3}{5} = \dfrac{4}{5} \times \dfrac{5}{3}$
　　$= \dfrac{4 \times \overset{1}{5}}{\underset{1}{5} \times 3}$
　　$= \dfrac{4}{3}$ $\left(1\dfrac{1}{3} \right)$

　　答え $\dfrac{4}{3}$ ha $\left(1\dfrac{1}{3} \text{ha} \right)$

53

分数のわり算 ③
分数÷分数（約分なし）

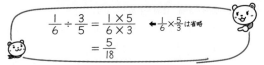

$$\frac{1}{6} \div \frac{3}{5} = \frac{1 \times 5}{6 \times 3} \quad \leftarrow \frac{1}{6} \times \frac{5}{3} \text{は省略}$$
$$= \frac{5}{18}$$

次の計算をしましょう。

① $\dfrac{2}{5} \div \dfrac{3}{4} = \dfrac{2 \times 4}{5 \times 3}$
$= \dfrac{8}{15}$

② $\dfrac{3}{7} \div \dfrac{4}{5} = \dfrac{3 \times 5}{7 \times 4}$
$= \dfrac{15}{28}$

③ $\dfrac{1}{4} \div \dfrac{3}{5} = \dfrac{1 \times 5}{4 \times 3}$
$= \dfrac{5}{12}$

④ $\dfrac{1}{10} \div \dfrac{2}{3} = \dfrac{1 \times 3}{10 \times 2}$
$= \dfrac{3}{20}$

⑤ $\dfrac{3}{5} \div \dfrac{2}{3} = \dfrac{3 \times 3}{5 \times 2}$
$= \dfrac{9}{10}$

⑥ $\dfrac{2}{9} \div \dfrac{3}{8} = \dfrac{2 \times 8}{9 \times 3}$
$= \dfrac{16}{27}$

⑦ $\dfrac{5}{9} \div \dfrac{3}{5} = \dfrac{5 \times 5}{9 \times 3}$
$= \dfrac{25}{27}$

⑧ $\dfrac{2}{7} \div \dfrac{3}{4} = \dfrac{2 \times 4}{7 \times 3}$
$= \dfrac{8}{21}$

分数のわり算 ④
分数÷分数（約分なし）

次の計算をしましょう。答えの仮分数はそのままで構いません。

① $\dfrac{3}{8} \div \dfrac{2}{3} = \dfrac{3 \times 3}{8 \times 2}$
$= \dfrac{9}{16}$

② $\dfrac{5}{9} \div \dfrac{6}{7} = \dfrac{5 \times 7}{9 \times 6}$
$= \dfrac{35}{54}$

③ $\dfrac{1}{10} \div \dfrac{3}{7} = \dfrac{1 \times 7}{10 \times 3}$
$= \dfrac{7}{30}$

④ $\dfrac{5}{7} \div \dfrac{4}{5} = \dfrac{5 \times 5}{7 \times 4}$
$= \dfrac{25}{28}$

⑤ $\dfrac{3}{10} \div \dfrac{5}{9} = \dfrac{3 \times 9}{10 \times 5}$
$= \dfrac{27}{50}$

⑥ $\dfrac{1}{6} \div \dfrac{2}{5} = \dfrac{1 \times 5}{6 \times 2}$
$= \dfrac{5}{12}$

⑦ $\dfrac{3}{4} \div \dfrac{5}{7} = \dfrac{3 \times 7}{4 \times 5}$
$= \dfrac{21}{20}$

⑧ $\dfrac{7}{8} \div \dfrac{2}{3} = \dfrac{7 \times 3}{8 \times 2}$
$= \dfrac{21}{16}$

⑨ $\dfrac{3}{5} \div \dfrac{1}{4} = \dfrac{3 \times 4}{5 \times 1}$
$= \dfrac{12}{5}$

⑩ $\dfrac{5}{6} \div \dfrac{3}{7} = \dfrac{5 \times 7}{6 \times 3}$
$= \dfrac{35}{18}$

分数のわり算 ⑤
分数÷分数（約分1回）

$$\frac{5}{9} \div \frac{5}{8} = \frac{\overset{1}{5} \times 8}{9 \times \underset{1}{5}} \quad \leftarrow \text{約分あり}$$
$$= \frac{8}{9}$$

次の計算をしましょう。

① $\dfrac{2}{3} \div \dfrac{4}{5} = \dfrac{\overset{1}{2} \times 5}{3 \times \underset{2}{4}}$
$= \dfrac{5}{6}$

② $\dfrac{5}{6} \div \dfrac{10}{11} = \dfrac{\overset{1}{5} \times 11}{6 \times \underset{2}{10}}$
$= \dfrac{11}{12}$

③ $\dfrac{4}{9} \div \dfrac{12}{13} = \dfrac{\overset{1}{4} \times 13}{9 \times \underset{3}{12}}$
$= \dfrac{13}{27}$

④ $\dfrac{2}{5} \div \dfrac{4}{7} = \dfrac{\overset{1}{2} \times 7}{5 \times \underset{2}{4}}$
$= \dfrac{7}{10}$

⑤ $\dfrac{3}{10} \div \dfrac{6}{7} = \dfrac{\overset{1}{3} \times 7}{10 \times \underset{2}{6}}$
$= \dfrac{7}{20}$

⑥ $\dfrac{7}{8} \div \dfrac{7}{5} = \dfrac{\overset{1}{7} \times 5}{8 \times \underset{1}{7}}$
$= \dfrac{5}{8}$

⑦ $\dfrac{5}{7} \div \dfrac{5}{6} = \dfrac{\overset{1}{5} \times 6}{7 \times \underset{1}{5}}$
$= \dfrac{6}{7}$

⑧ $\dfrac{8}{15} \div \dfrac{4}{7} = \dfrac{\overset{2}{8} \times 7}{15 \times \underset{1}{4}}$
$= \dfrac{14}{15}$

分数のわり算 ⑥
分数÷分数（約分1回）

次の計算をしましょう。答えの仮分数はそのままで構いません。

① $\dfrac{5}{9} \div \dfrac{10}{13} = \dfrac{\overset{1}{5} \times 13}{9 \times \underset{2}{10}}$
$= \dfrac{13}{18}$

② $\dfrac{6}{7} \div \dfrac{18}{19} = \dfrac{\overset{1}{6} \times 19}{7 \times \underset{3}{18}}$
$= \dfrac{19}{21}$

③ $\dfrac{3}{8} \div \dfrac{3}{7} = \dfrac{\overset{1}{3} \times 7}{8 \times \underset{1}{3}}$
$= \dfrac{7}{8}$

④ $\dfrac{4}{7} \div \dfrac{2}{3} = \dfrac{\overset{2}{4} \times 3}{7 \times \underset{1}{2}}$
$= \dfrac{6}{7}$

⑤ $\dfrac{3}{8} \div \dfrac{3}{5} = \dfrac{\overset{1}{3} \times 5}{8 \times \underset{1}{3}}$
$= \dfrac{5}{8}$

⑥ $\dfrac{4}{9} \div \dfrac{6}{7} = \dfrac{\overset{2}{4} \times 7}{9 \times \underset{3}{6}}$
$= \dfrac{14}{27}$

⑦ $\dfrac{8}{11} \div \dfrac{4}{9} = \dfrac{\overset{2}{8} \times 9}{11 \times \underset{1}{4}}$
$= \dfrac{18}{11}$

⑧ $\dfrac{3}{5} \div \dfrac{9}{11} = \dfrac{\overset{1}{3} \times 11}{5 \times \underset{3}{9}}$
$= \dfrac{11}{15}$

⑨ $\dfrac{7}{9} \div \dfrac{14}{17} = \dfrac{\overset{1}{7} \times 17}{9 \times \underset{2}{14}}$
$= \dfrac{17}{18}$

⑩ $\dfrac{7}{8} \div \dfrac{7}{9} = \dfrac{\overset{1}{7} \times 9}{8 \times \underset{1}{7}}$
$= \dfrac{9}{8}$

分数のわり算 ⑦
分数÷分数（約分１回）

$$\frac{3}{4} \div \frac{7}{8} = \frac{3 \times 8^2}{4_1 \times 7} \quad \leftarrow 約分あり$$
$$= \frac{6}{7}$$

次の計算をしましょう。

① $\frac{3}{4} \div \frac{5}{6} = \frac{3 \times 6^3}{4_2 \times 5}$
$= \frac{9}{10}$

② $\frac{5}{9} \div \frac{2}{3} = \frac{5 \times 3^1}{9_3 \times 2}$
$= \frac{5}{6}$

③ $\frac{1}{6} \div \frac{5}{12} = \frac{1 \times 12^2}{6_1 \times 5}$
$= \frac{2}{5}$

④ $\frac{2}{3} \div \frac{5}{6} = \frac{2 \times 6^2}{3_1 \times 5}$
$= \frac{4}{5}$

⑤ $\frac{3}{5} \div \frac{7}{10} = \frac{3 \times 10^2}{5_1 \times 7}$
$= \frac{6}{7}$

⑥ $\frac{2}{7} \div \frac{5}{7} = \frac{2 \times 7^1}{7_1 \times 5}$
$= \frac{2}{5}$

⑦ $\frac{7}{18} \div \frac{5}{9} = \frac{7 \times 9^1}{18_2 \times 5}$
$= \frac{7}{10}$

⑧ $\frac{7}{16} \div \frac{5}{8} = \frac{7 \times 8^1}{16_2 \times 5}$
$= \frac{7}{10}$

58

分数のわり算 ⑧
分数÷分数（約分１回）

次の計算をしましょう。答えの仮分数はそのままで構いません。

① $\frac{3}{8} \div \frac{5}{6} = \frac{3 \times 6^3}{8_4 \times 5}$
$= \frac{9}{20}$

② $\frac{2}{9} \div \frac{7}{18} = \frac{2 \times 18^2}{9_1 \times 7}$
$= \frac{4}{7}$

③ $\frac{7}{20} \div \frac{5}{12} = \frac{7 \times 12^3}{20_5 \times 5}$
$= \frac{21}{25}$

④ $\frac{4}{5} \div \frac{9}{10} = \frac{4 \times 10^2}{5_1 \times 9}$
$= \frac{8}{9}$

⑤ $\frac{5}{16} \div \frac{3}{8} = \frac{5 \times 8^1}{16_2 \times 3}$
$= \frac{5}{6}$

⑥ $\frac{2}{3} \div \frac{7}{18} = \frac{2 \times 18^6}{3_1 \times 7}$
$= \frac{12}{7}$

⑦ $\frac{5}{14} \div \frac{2}{7} = \frac{5 \times 7^1}{14_2 \times 2}$
$= \frac{5}{4}$

⑧ $\frac{5}{12} \div \frac{3}{8} = \frac{5 \times 8^2}{12_3 \times 3}$
$= \frac{10}{9}$

⑨ $\frac{3}{4} \div \frac{1}{8} = \frac{3 \times 8^2}{4_1 \times 1}$
$= 6$

⑩ $\frac{1}{3} \div \frac{1}{9} = \frac{1 \times 9^3}{3_1 \times 1}$
$= 3$

59

分数のわり算 ⑨
分数÷分数（約分２回）

$$\frac{3}{8} \div \frac{3}{4} = \frac{3_1 \times 4^1}{8_2 \times 3_1} \quad \leftarrow 約分2回$$
$$= \frac{1}{2}$$

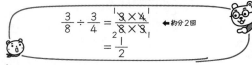

次の計算をしましょう。

① $\frac{5}{8} \div \frac{15}{16} = \frac{5^1 \times 16^2}{8_1 \times 15_3}$
$= \frac{2}{3}$

② $\frac{2}{9} \div \frac{2}{3} = \frac{2^1 \times 3^1}{9_3 \times 2_1}$
$= \frac{1}{3}$

③ $\frac{3}{4} \div \frac{9}{10} = \frac{3^1 \times 10^5}{4_2 \times 9_3}$
$= \frac{5}{6}$

④ $\frac{5}{27} \div \frac{5}{9} = \frac{5^1 \times 9^1}{27_3 \times 5_1}$
$= \frac{1}{3}$

⑤ $\frac{2}{5} \div \frac{4}{5} = \frac{2^1 \times 5^1}{5_1 \times 4_2}$
$= \frac{1}{2}$

⑥ $\frac{2}{3} \div \frac{8}{9} = \frac{2^1 \times 9^3}{3_1 \times 8_4}$
$= \frac{3}{4}$

⑦ $\frac{10}{21} \div \frac{5}{7} = \frac{10^2 \times 7^1}{21_3 \times 5_1}$
$= \frac{2}{3}$

⑧ $\frac{7}{24} \div \frac{7}{12} = \frac{7^1 \times 12^1}{24_2 \times 7_1}$
$= \frac{1}{2}$

60

分数のわり算 ⑩
分数÷分数（約分２回）

次の計算をしましょう。答えの仮分数はそのままで構いません。

① $\frac{2}{7} \div \frac{6}{7} = \frac{2^1 \times 7^1}{7_1 \times 6_3}$
$= \frac{1}{3}$

② $\frac{3}{8} \div \frac{9}{10} = \frac{3^1 \times 10^5}{8_4 \times 9_3}$
$= \frac{5}{12}$

③ $\frac{2}{25} \div \frac{4}{5} = \frac{2^1 \times 5^1}{25_5 \times 4_2}$
$= \frac{1}{10}$

④ $\frac{9}{26} \div \frac{6}{13} = \frac{9^3 \times 13^1}{26_2 \times 6_2}$
$= \frac{3}{4}$

⑤ $\frac{7}{12} \div \frac{14}{15} = \frac{7^1 \times 15^5}{12_4 \times 14_2}$
$= \frac{5}{8}$

⑥ $\frac{7}{24} \div \frac{35}{36} = \frac{7^1 \times 36^3}{24_2 \times 35_5}$
$= \frac{3}{10}$

⑦ $\frac{3}{5} \div \frac{6}{15} = \frac{3^1 \times 15^3}{5_1 \times 6_2}$
$= \frac{3}{2}$

⑧ $\frac{5}{6} \div \frac{5}{16} = \frac{5^1 \times 16^8}{6_3 \times 5_1}$
$= \frac{8}{3}$

⑨ $\frac{7}{9} \div \frac{14}{27} = \frac{7^1 \times 27^3}{9_1 \times 14_2}$
$= \frac{3}{2}$

⑩ $\frac{9}{8} \div \frac{3}{4} = \frac{9^3 \times 4^1}{8_2 \times 3_1}$
$= \frac{3}{2}$

61

分数のわり算 ⑪
分数÷整数（約分なし）

$$\frac{3}{5} \div 2 = \frac{3 \times 1}{5 \times 2} \quad \leftarrow 2は\frac{2}{1}と考えて$$
$$= \frac{3}{10} \qquad 逆数は\frac{1}{2}$$

次の計算をしましょう。

① $\dfrac{1}{2} \div 4 = \dfrac{1 \times 1}{2 \times 4}$

$= \dfrac{1}{8}$

② $\dfrac{2}{3} \div 3 = \dfrac{2 \times 1}{3 \times 3}$

$= \dfrac{2}{9}$

③ $\dfrac{5}{6} \div 4 = \dfrac{5 \times 1}{6 \times 4}$

$= \dfrac{5}{24}$

④ $\dfrac{3}{7} \div 5 = \dfrac{3 \times 1}{7 \times 5}$

$= \dfrac{3}{35}$

⑤ $\dfrac{5}{9} \div 2 = \dfrac{5 \times 1}{9 \times 2}$

$= \dfrac{5}{18}$

⑥ $\dfrac{7}{8} \div 3 = \dfrac{7 \times 1}{8 \times 3}$

$= \dfrac{7}{24}$

⑦ $\dfrac{11}{15} \div 3 = \dfrac{11 \times 1}{15 \times 3}$

$= \dfrac{11}{45}$

⑧ $\dfrac{5}{16} \div 3 = \dfrac{5 \times 1}{16 \times 3}$

$= \dfrac{5}{48}$

62

分数のわり算 ⑫
分数÷整数（約分あり）

$$\frac{4}{5} \div 2 = \frac{\overset{2}{4} \times 1}{5 \times \underset{1}{2}} \quad \leftarrow 2は\frac{2}{1}と考えて$$
$$= \frac{2}{5} \qquad 逆数は\frac{1}{2}$$

次の計算をしましょう。

① $\dfrac{4}{7} \div 4 = \dfrac{\overset{1}{4} \times 1}{7 \times \underset{1}{4}}$

$= \dfrac{1}{7}$

② $\dfrac{3}{14} \div 3 = \dfrac{\overset{1}{3} \times 1}{14 \times \underset{1}{3}}$

$= \dfrac{1}{14}$

③ $\dfrac{8}{11} \div 4 = \dfrac{\overset{2}{8} \times 1}{11 \times \underset{1}{4}}$

$= \dfrac{2}{11}$

④ $\dfrac{5}{12} \div 10 = \dfrac{\overset{1}{5} \times 1}{12 \times \underset{2}{10}}$

$= \dfrac{1}{24}$

⑤ $\dfrac{14}{15} \div 7 = \dfrac{\overset{2}{14} \times 1}{15 \times \underset{1}{7}}$

$= \dfrac{2}{15}$

⑥ $\dfrac{4}{7} \div 14 = \dfrac{\overset{2}{4} \times 1}{7 \times \underset{7}{14}}$

$= \dfrac{2}{49}$

⑦ $\dfrac{8}{9} \div 28 = \dfrac{\overset{2}{8} \times 1}{9 \times \underset{7}{28}}$

$= \dfrac{2}{63}$

⑧ $\dfrac{6}{13} \div 9 = \dfrac{\overset{2}{6} \times 1}{13 \times \underset{3}{9}}$

$= \dfrac{2}{39}$

63

分数のわり算 ⑬
整数÷分数（約分なし）

$$3 \div \frac{2}{3} = \frac{3 \times 3}{1 \times 2} \quad \leftarrow 3は\frac{3}{1}と考える$$
$$= \frac{9}{2}$$

次の計算をしましょう。答えの仮分数はそのままで構いません。

① $5 \div \dfrac{3}{4} = \dfrac{5 \times 4}{1 \times 3}$

$= \dfrac{20}{3}$

② $7 \div \dfrac{2}{3} = \dfrac{7 \times 3}{1 \times 2}$

$= \dfrac{21}{2}$

③ $4 \div \dfrac{5}{9} = \dfrac{4 \times 9}{1 \times 5}$

$= \dfrac{36}{5}$

④ $2 \div \dfrac{3}{4} = \dfrac{2 \times 4}{1 \times 3}$

$= \dfrac{8}{3}$

⑤ $3 \div \dfrac{5}{3} = \dfrac{3 \times 3}{1 \times 5}$

$= \dfrac{9}{5}$

⑥ $2 \div \dfrac{7}{8} = \dfrac{2 \times 8}{1 \times 7}$

$= \dfrac{16}{7}$

⑦ $3 \div \dfrac{5}{7} = \dfrac{3 \times 7}{1 \times 5}$

$= \dfrac{21}{5}$

⑧ $9 \div \dfrac{8}{7} = \dfrac{9 \times 7}{1 \times 8}$

$= \dfrac{63}{8}$

64

分数のわり算 ⑭
整数÷分数（約分あり）

$$6 \div \frac{3}{5} = \frac{\overset{2}{6} \times 5}{1 \times \underset{1}{3}} \quad \leftarrow 6は\frac{6}{1}と考える$$
$$= 10 \qquad 約分あり$$

次の計算をしましょう。答えの仮分数はそのままで構いません。

① $6 \div \dfrac{4}{7} = \dfrac{\overset{3}{6} \times 7}{1 \times \underset{2}{4}}$

$= \dfrac{21}{2}$

② $4 \div \dfrac{2}{3} = \dfrac{\overset{2}{4} \times 3}{1 \times \underset{1}{2}}$

$= 6$

③ $9 \div \dfrac{15}{7} = \dfrac{\overset{3}{9} \times 7}{1 \times \underset{5}{15}}$

$= \dfrac{21}{5}$

④ $8 \div \dfrac{6}{5} = \dfrac{\overset{4}{8} \times 5}{1 \times \underset{3}{6}}$

$= \dfrac{20}{3}$

⑤ $10 \div \dfrac{5}{3} = \dfrac{\overset{2}{10} \times 3}{1 \times \underset{1}{5}}$

$= 6$

⑥ $12 \div \dfrac{8}{5} = \dfrac{\overset{3}{12} \times 5}{1 \times \underset{2}{8}}$

$= \dfrac{15}{2}$

⑦ $16 \div \dfrac{8}{9} = \dfrac{\overset{2}{16} \times 9}{1 \times \underset{1}{8}}$

$= 18$

⑧ $18 \div \dfrac{3}{7} = \dfrac{\overset{6}{18} \times 7}{1 \times \underset{1}{3}}$

$= 42$

65

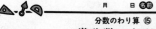

分数のわり算⑮
帯分数のわり算

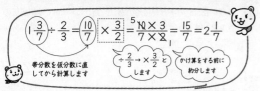

$$1\frac{3}{7} \div \frac{2}{3} = \frac{10}{7} \times \frac{3}{2} = \frac{5\,\cancel{10} \times 3}{7 \times \cancel{2}_{\,1}} = \frac{15}{7} = 2\frac{1}{7}$$

帯分数を仮分数に直してから計算します　　÷$\frac{2}{3}$→×$\frac{3}{2}$と　します　　かけ算をする前に約分します

次の計算をしましょう。答えの仮分数は、帯分数にしましょう。

① $4\frac{2}{3} \div \frac{7}{9} = \frac{2\,\cancel{14} \times \cancel{9}^{\,3}}{1\,\cancel{3} \times \cancel{7}_{\,1}}$
$= 6$

② $1\frac{1}{11} \div \frac{8}{55} = \frac{3\,\cancel{12} \times \cancel{55}^{\,5}}{1\,\cancel{11} \times \cancel{8}_{\,2}}$
$= \frac{15}{2} = 7\frac{1}{2}$

③ $4\frac{1}{6} \div 1\frac{7}{8} = \frac{5\,\cancel{25} \times \cancel{8}^{\,4}}{3\,\cancel{6} \times \cancel{15}_{\,3}}$
$= \frac{20}{9} = 2\frac{2}{9}$

④ $1\frac{2}{3} \div 2\frac{2}{9} = \frac{1\,\cancel{5} \times \cancel{9}^{\,3}}{1\,\cancel{3} \times 20_{\,4}}$
$= \frac{3}{4}$

⑤ $4\frac{1}{6} \div 3\frac{3}{4} = \frac{5\,\cancel{25} \times \cancel{4}^{\,2}}{3\,\cancel{6} \times \cancel{15}_{\,3}}$
$= \frac{10}{9} = 1\frac{1}{9}$

⑥ $\frac{15}{22} \div 1\frac{1}{4} = \frac{3\,\cancel{15} \times \cancel{4}^{\,2}}{22 \times 5_{\,1}}$
$= \frac{6}{11}$

⑦ $3\frac{3}{8} \div 2\frac{1}{4} = \frac{3\,\cancel{27} \times \cancel{4}^{\,1}}{2\,\cancel{8} \times \cancel{9}_{\,1}}$
$= \frac{3}{2} = 1\frac{1}{2}$

⑧ $3\frac{1}{9} \div 2\frac{1}{3} = \frac{4\,\cancel{28} \times 3}{3\,\cancel{9} \times \cancel{7}_{\,1}}$
$= \frac{4}{3} = 1\frac{1}{3}$

分数のわり算⑯
帯分数のわり算

次の計算をしましょう。答えの仮分数は、帯分数にしましょう。

① $1\frac{3}{10} \div 5\frac{1}{5} = \frac{1\,\cancel{13} \times \cancel{5}^{\,1}}{2\,\cancel{10} \times \cancel{26}_{\,2}}$
$= \frac{1}{4}$

② $1\frac{2}{5} \div 2\frac{1}{10} = \frac{1\,\cancel{7} \times \cancel{10}^{\,2}}{1\,\cancel{5} \times \cancel{21}_{\,3}}$
$= \frac{2}{3}$

③ $1\frac{3}{8} \div 2\frac{3}{4} = \frac{1\,\cancel{11} \times \cancel{4}^{\,1}}{2\,\cancel{8} \times \cancel{11}_{\,1}}$
$= \frac{1}{2}$

④ $1\frac{4}{11} \div 2\frac{1}{22} = \frac{1\,\cancel{15} \times \cancel{22}^{\,2}}{1\,\cancel{11} \times \cancel{45}_{\,3}}$
$= \frac{2}{3}$

⑤ $2\frac{4}{5} \div 1\frac{13}{15} = \frac{1\,\cancel{14} \times \cancel{15}^{\,3}}{1\,\cancel{5} \times \cancel{28}_{\,2}}$
$= \frac{3}{2} = 1\frac{1}{2}$

⑥ $1\frac{5}{9} \div 2\frac{1}{3} = \frac{2\,\cancel{14} \times \cancel{3}^{\,1}}{3\,\cancel{9} \times \cancel{7}_{\,1}}$
$= \frac{2}{3}$

⑦ $1\frac{3}{4} \div 2\frac{5}{8} = \frac{1\,\cancel{7} \times \cancel{8}^{\,2}}{1\,\cancel{4} \times \cancel{21}_{\,3}}$
$= \frac{2}{3}$

⑧ $2\frac{1}{7} \div 1\frac{11}{14} = \frac{3\,\cancel{15} \times \cancel{14}^{\,2}}{1\,\cancel{7} \times \cancel{25}_{\,5}}$
$= \frac{6}{5} = 1\frac{1}{5}$

⑨ $2\frac{5}{8} \div 1\frac{3}{4} = \frac{3\,\cancel{21} \times \cancel{4}^{\,1}}{2\,\cancel{8} \times \cancel{7}_{\,1}}$
$= \frac{3}{2} = 1\frac{1}{2}$

⑩ $3\frac{1}{9} \div 1\frac{1}{3} = \frac{7\,\cancel{28} \times \cancel{3}^{\,1}}{3\,\cancel{9} \times \cancel{4}_{\,1}}$
$= \frac{7}{3} = 2\frac{1}{3}$

分数のわり算⑰
文章題

① $3\frac{8}{9}$ m² のかべをぬるのに、$9\frac{1}{3}$ dL のペンキを使いました。1 dL では何 m² ぬれますか。

式　$3\frac{8}{9} \div 9\frac{1}{3} = \frac{1\,\cancel{35} \times \cancel{3}^{\,1}}{3\,\cancel{9} \times \cancel{28}_{\,4}} = \frac{5}{12}$

答え　　$\frac{5}{12}$ m²

② 花だんの $\frac{4}{5}$ に花が植えてあります。花が植えてある面積は 8 m² です。花だんの広さは何 m² ですか。

式　$8 \div \frac{4}{5} = \frac{2\,\cancel{8} \times 5}{1 \times \cancel{4}_{\,1}} = 10$

答え　　10 m²

③ ジュースを $1\frac{4}{5}$ L 買って、171円はらいました。1 L だといくらになりますか。

式　$171 \div 1\frac{4}{5} = \frac{19\,\cancel{171} \times 5}{1 \times \cancel{9}_{\,1}} = 95$

答え　　95円

④ $45\frac{1}{3}$ m のリボンがあります。$\frac{4}{9}$ m ずつ切ると、何本できますか。

式　$45\frac{1}{3} \div \frac{4}{9} = \frac{34\,\cancel{136} \times \cancel{9}^{\,3}}{1\,\cancel{3} \times \cancel{4}_{\,1}} = 102$

答え　　102本

分数のわり算⑱
文章題

① □にあてはまる数を求めましょう。

① □ 人の $1\frac{2}{5}$ は 35 人です。

式　$35 \div 1\frac{2}{5} = \frac{5\,\cancel{35} \times 5}{1 \times \cancel{7}_{\,1}} = 25$

答え　　25

② $2\frac{1}{3}$ kg は □ kg の $\frac{7}{9}$ です。

式　$2\frac{1}{3} \div \frac{7}{9} = \frac{1\,\cancel{7} \times \cancel{9}^{\,3}}{3\,\cancel{3} \times \cancel{7}_{\,1}} = 3$

答え　　3

② A駅からB駅までの 250 km を新幹線で行くと $\frac{5}{6}$ 時間かかりました。この新幹線の時速は何 km ですか。

式　$250 \div \frac{5}{6} = \frac{50\,\cancel{250} \times 6}{1 \times \cancel{5}_{\,1}} = 300$

答え　時速300km

まとめ ⑦
分数のわり算
/50点

① 次の計算をしましょう。答えの仮分数はそのままで構いません。

(各5点/30点)

① $\dfrac{5}{9} \div \dfrac{10}{13} = \dfrac{5 \times 13}{9 \times \overset{2}{\cancel{10}}}$

　　　$= \dfrac{13}{18}$

② $\dfrac{3}{8} \div \dfrac{5}{6} = \dfrac{3 \times \overset{3}{\cancel{6}}}{\underset{4}{\cancel{8}} \times 5}$

　　　$= \dfrac{9}{20}$

③ $\dfrac{2}{9} \div \dfrac{2}{3} = \dfrac{\cancel{2} \times \overset{1}{\cancel{3}}}{\underset{3}{\cancel{9}} \times \cancel{2}}$

　　　$= \dfrac{1}{3}$

④ $\dfrac{2}{5} \div \dfrac{4}{5} = \dfrac{\cancel{2} \times \cancel{5}}{\cancel{5} \times \underset{2}{\cancel{4}}}$

　　　$= \dfrac{1}{2}$

⑤ $8 \div \dfrac{6}{5} = \dfrac{\overset{4}{\cancel{8}} \times 5}{1 \times \underset{3}{\cancel{6}}}$

　　　$= \dfrac{20}{3}$

⑥ $4\dfrac{1}{6} \div 1\dfrac{7}{8} = \dfrac{\overset{5}{\cancel{25}} \times \overset{4}{\cancel{8}}}{\underset{3}{\cancel{6}} \times \underset{3}{\cancel{15}}}$

　　　$= \dfrac{20}{9}$

② $\dfrac{2}{3}$ L の重さが $\dfrac{7}{8}$ kgの油があります。この油1Lの重さは何 kgですか。答えの仮分数はそのままで構いません。

(図2点、式3点、答え5点/10点)

式 $\dfrac{7}{8} \div \dfrac{2}{3} = \dfrac{7 \times 3}{8 \times 2} = \dfrac{21}{16}$　答え　$\dfrac{21}{16}$ kg

③ $\dfrac{5}{9}$ mのひもを $\dfrac{1}{18}$ mずつ切ります。$\dfrac{1}{18}$ mのひもは何本できますか。

(式5点、答え5点/10点)

式 $\dfrac{5}{9} \div \dfrac{1}{18} = \dfrac{5 \times \overset{2}{\cancel{18}}}{\underset{1}{\cancel{9}} \times 1} = 10$　答え　10本

70

まとめ ⑧
分数のわり算
/50点

① 面積が18cm²の平行四辺形があり、高さは $\dfrac{2}{3}$ cmです。底辺の長さを求めましょう。

(式5点、答え5点/10点)

式 $18 \div \dfrac{2}{3} = \dfrac{\overset{9}{\cancel{18}} \times 3}{1 \times \cancel{2}} = 27$　答え　27cm

② $4\dfrac{1}{2}$ kgの板のうち、$1\dfrac{1}{2}$ kgを切り取りました。はじめの量を1とすると、切り取った量はどれだけにあたりますか。

(式5点、答え5点/10点)

式 $1\dfrac{1}{2} \div 4\dfrac{1}{2} = \dfrac{\cancel{3} \times \cancel{2}}{\cancel{2} \times \underset{3}{\cancel{9}}} = \dfrac{1}{3}$　答え　$\dfrac{1}{3}$

③ 機械で21aの草を $1\dfrac{3}{4}$ 時間でかりました。

(式5点、答え5点/20点)

① 1時間あたり何aの草をかりましたか。

式 $21 \div 1\dfrac{3}{4} = \dfrac{\overset{3}{\cancel{21}} \times 4}{1 \times \underset{1}{\cancel{7}}} = 12$　答え　12a

② 100aの草をかるとすると、何時間かかりますか。

式 $100 \div 12 = \dfrac{100}{12} = \dfrac{25}{3} = 8\dfrac{1}{3}$　答え　$8\dfrac{1}{3}$ 時間

④ 本を64ページまで読みました。これは本全体ページの $\dfrac{2}{11}$ です。この本の総ページ数を求めましょう。

(式5点、答え5点/10点)

式 $64 \div \dfrac{2}{11} = \dfrac{\overset{32}{\cancel{64}} \times 11}{1 \times \cancel{2}} = 352$　答え　352ページ

71

いろいろな分数 ①
時間と分数

① 何時間ですか。分数で表しましょう。

① $20分 = \dfrac{20}{60}$ 時間 $=$ $\boxed{\dfrac{1}{3}}$ 時間　答え　$\dfrac{1}{3}$ 時間

　（1時間=60分）（約分）

② $40分 = \dfrac{40}{60}$ 時間 $= \dfrac{2}{3}$ 時間　答え　$\dfrac{2}{3}$ 時間

③ $15分 = \dfrac{15}{60}$ 時間 $= \dfrac{1}{4}$ 時間　答え　$\dfrac{1}{4}$ 時間

④ $5分 = \dfrac{5}{60}$ 時間 $= \dfrac{1}{12}$ 時間　答え　$\dfrac{1}{12}$ 時間

⑤ $12分 = \dfrac{12}{60}$ 時間 $= \dfrac{1}{5}$ 時間　答え　$\dfrac{1}{5}$ 時間

② 何分ですか。分数で表しましょう。

① $15秒 = \dfrac{15}{60}$ 分 $=$ $\boxed{\dfrac{1}{4}}$ 分　答え　$\dfrac{1}{4}$ 分

　（1分間=60秒）

② $45秒 = \dfrac{45}{60}$ 分 $= \dfrac{3}{4}$ 分　答え　$\dfrac{3}{4}$ 分

③ $24秒 = \dfrac{24}{60}$ 分 $= \dfrac{2}{5}$ 分　答え　$\dfrac{2}{5}$ 分

④ $80秒 = \dfrac{80}{60}$ 分 $= \dfrac{4}{3}$ 分　答え　$\dfrac{4}{3}$ 分

72

いろいろな分数 ②
時間と分数

● 何分ですか。

① $\dfrac{3}{4}$ 時間 $60 \times \dfrac{3}{4} = \dfrac{60 \times 3}{1 \times 4} = \boxed{45}$ 分

（1時間=60分）　答え　45分

② $\dfrac{1}{3}$ 時間　$60 \times \dfrac{1}{3} = 20$分　答え　20分

③ $\dfrac{5}{6}$ 時間　$60 \times \dfrac{5}{6} = 50$分　答え　50分

④ $\dfrac{3}{5}$ 時間　$60 \times \dfrac{3}{5} = 36$分　答え　36分

⑤ $\dfrac{7}{6}$ 時間　$60 \times \dfrac{7}{6} = 70$分　答え　70分

⑥ $\dfrac{8}{15}$ 時間　$60 \times \dfrac{8}{15} = 32$分　答え　32分

⑦ $\dfrac{1}{2}$ 時間　$60 \times \dfrac{1}{2} = 30$分　答え　30分

73

分数の倍

① 持っていたおこづかいの $\frac{3}{5}$ で、630円の本を買いました。
はじめのおこづかいは何円ですか。

式　$\boxed{\text{はじめのおこづかい}} \times \frac{3}{5} = 630$

$630 \div \frac{3}{5} = \frac{630 \times 5}{1 \times 3} = 1050$

答え　　1050円

② 花だんの $\frac{3}{16}$ に24本の花があります。花だん全体では、花は
何本ありますか。

式　$24 \div \frac{3}{16} = \frac{\overset{8}{24} \times 16}{1 \times \underset{1}{3}} = 128$

答え　　128本

③ 全体の人数の $\frac{9}{26}$ が36人です。全体の人数は何人ですか。

式　$36 \div \frac{9}{26} = \frac{\overset{4}{36} \times 26}{1 \times \underset{1}{9}} = 104$

答え　　104人

④ もとの値段の $\frac{5}{100}$ が25円です。もとの値段はいくらですか。

式　$25 \div \frac{5}{100} = \frac{25 \times 100}{1 \times \underset{1}{5}}^{5} = 500$

答え　　500円

⑤ ある道のりの $\frac{5}{6}$ が800mです。道のりはいくらですか。

式　$800 \div \frac{5}{6} = \frac{\overset{160}{800} \times 6}{1 \times \underset{1}{5}} = 960$

答え　　960m

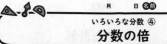

分数の倍

① 白いテープの長さは $\frac{5}{8}$ m、赤いテープの長さは $\frac{3}{4}$ mです。

白いテープの長さは赤いテープ
の長さの何倍ですか。

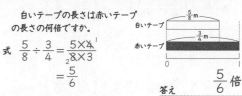

式　$\frac{5}{8} \div \frac{3}{4} = \frac{5 \times \overset{1}{4}}{\underset{2}{8} \times 3}$

$= \frac{5}{6}$

答え　　$\frac{5}{6}$ 倍

☆ このように、赤いテープをもとにしたときの白いテープの
長さを「白いテープは赤いテープの "何分の何"」ということ
ができます。例「白いテープは赤いテープの $\frac{5}{6}$」

② 次の数は何倍ですか。分数で答えましょう。

① 240円は300円の何倍ですか。

式　$\frac{240}{300} = \frac{4}{5}$

答え　　$\frac{4}{5}$ 倍

② $\frac{4}{3}$ Lは4Lの何倍ですか。

式　$\frac{4}{3} \div 4 = \frac{\overset{1}{4} \times 1}{3 \times \underset{1}{4}} = \frac{1}{3}$

答え　　$\frac{1}{3}$ 倍

③ 25Lは35Lの何倍ですか。

式　$\frac{25}{35} = \frac{5}{7}$

答え　　$\frac{5}{7}$ 倍

④ 1540mは3300mの何倍ですか。

式　$\frac{1540}{3300} = \frac{154}{330} = \frac{7}{15}$

答え　　$\frac{7}{15}$ 倍

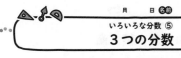

3つの分数

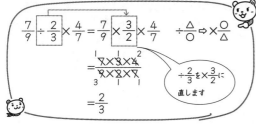

$\frac{7}{9} \div \frac{2}{3} \times \frac{4}{7} = \frac{7}{9} \times \frac{3}{2} \times \frac{4}{7}$　　$\div \frac{\triangle}{\bigcirc} \Rightarrow \times \frac{\bigcirc}{\triangle}$

$= \frac{\overset{1}{7} \times \overset{1}{3} \times \overset{2}{4}}{\underset{3}{9} \times \underset{1}{2} \times \underset{1}{7}}$

$\div \frac{2}{3}$ を $\times \frac{3}{2}$ に
直します

$= \frac{2}{3}$

次の計算をしましょう。

① $\frac{3}{10} \div \frac{7}{8} \times \frac{7}{9} = \frac{\overset{1}{3} \times \overset{4}{8} \times \overset{1}{7}}{\underset{10}{10} \times \underset{1}{7} \times \underset{3}{9}}$

$= \frac{4}{15}$

② $\frac{7}{15} \div \frac{3}{8} \times \frac{3}{4} = \frac{7 \times \overset{2}{8} \times \overset{1}{3}}{15 \times \underset{1}{3} \times \underset{1}{4}}$

$= \frac{14}{15}$

③ $\frac{3}{5} \times \frac{7}{12} \div \frac{14}{15} = \frac{\overset{1}{3} \times \overset{1}{7} \times \overset{3}{15}}{\underset{1}{5} \times \underset{4}{12} \times \underset{2}{14}}$

$= \frac{3}{8}$

3つの分数

次の計算をしましょう。

① $\frac{7}{8} \div \frac{7}{12} \div \frac{9}{10} = \frac{\overset{1}{7} \times \overset{3}{12} \times \overset{5}{10}}{\underset{4}{8} \times \underset{1}{7} \times \underset{3}{9}}$

$= \frac{5}{3} \left(1\frac{2}{3} \right)$

② $\frac{7}{9} \div \frac{7}{10} \div \frac{2}{3} = \frac{\overset{1}{7} \times \overset{5}{10} \times \overset{1}{3}}{\underset{3}{9} \times \underset{1}{7} \times \underset{1}{2}}$

$= \frac{5}{3} \left(1\frac{2}{3} \right)$

③ $\frac{5}{12} \div \frac{8}{3} \div \frac{15}{8} = \frac{\overset{1}{5} \times \overset{1}{3} \times \overset{1}{8}}{\underset{4}{12} \times \underset{1}{8} \times \underset{3}{15}}$

$= \frac{1}{12}$

④ $\frac{5}{8} \div \frac{13}{11} \div \frac{11}{26} = \frac{5 \times \overset{1}{11} \times \overset{2}{26}}{\underset{1}{8} \times \underset{1}{13} \times \underset{1}{11}}$

$= \frac{5}{4} \left(1\frac{1}{4} \right)$

⑤ $\frac{8}{9} \div 7 \div \frac{2}{3} = \frac{\overset{4}{8} \times 1 \times \overset{1}{3}}{\underset{3}{9} \times 7 \times \underset{1}{2}}$

$= \frac{4}{21}$

（　）のついた計算

次の計算をしましょう。

① $\dfrac{6}{7} \times \left(\dfrac{5}{6} - \dfrac{1}{3} \right) = \dfrac{6}{7} \times \left(\dfrac{5}{6} - \dfrac{2}{6} \right)$

$= \dfrac{6 \times 3}{7 \times 6} = \dfrac{3}{7}$

② $\dfrac{2}{5} \times \left(\dfrac{4}{5} - \dfrac{3}{10} \right) = \dfrac{2}{5} \times \left(\dfrac{8}{10} - \dfrac{3}{10} \right)$

$= \dfrac{2 \times 5}{5 \times 10} = \dfrac{1}{5}$

③ $\dfrac{4}{5} \times \left(\dfrac{3}{8} + \dfrac{1}{6} \right) = \dfrac{4}{5} \times \left(\dfrac{9}{24} + \dfrac{4}{24} \right)$

$= \dfrac{4 \times 13}{5 \times 24} = \dfrac{13}{30}$

④ $\dfrac{5}{6} \times \left(\dfrac{1}{3} + \dfrac{3}{5} \right) = \dfrac{5}{6} \times \left(\dfrac{5}{15} + \dfrac{9}{15} \right)$

$= \dfrac{5 \times 14}{6 \times 15} = \dfrac{7}{9}$

78

（　）のついた計算

次の計算をしましょう。

① $\left(\dfrac{1}{10} + \dfrac{1}{6} \right) \div \dfrac{16}{35} = \left(\dfrac{3}{30} + \dfrac{5}{30} \right) \div \dfrac{16}{35}$

$= \dfrac{8 \times 35}{30 \times 16} = \dfrac{7}{12}$

② $\left(\dfrac{8}{15} + \dfrac{3}{10} \right) \div \dfrac{5}{8} = \left(\dfrac{16}{30} + \dfrac{9}{30} \right) \div \dfrac{5}{8}$

$= \dfrac{25 \times 8}{30 \times 5} = \dfrac{4}{3} \left(1\dfrac{1}{3} \right)$

③ $\left(\dfrac{5}{6} - \dfrac{1}{14} \right) \div \dfrac{3}{8} = \left(\dfrac{35}{42} - \dfrac{3}{42} \right) \div \dfrac{3}{8}$

$= \dfrac{32 \times 8}{42 \times 3} = \dfrac{128}{63} \left(2\dfrac{2}{63} \right)$

④ $\left(\dfrac{5}{12} - \dfrac{2}{15} \right) \div \dfrac{21}{5} = \left(\dfrac{25}{60} - \dfrac{8}{60} \right) \div \dfrac{21}{5}$

$= \dfrac{17 \times 5}{60 \times 21} = \dfrac{17}{252}$

79

和・差・積・商

次の計算をしましょう。

① $\dfrac{3}{4} + \dfrac{3}{8} \times \dfrac{4}{9} = \dfrac{3}{4} + \dfrac{3 \times 4}{8 \times 9}$

$= \dfrac{9}{12} + \dfrac{2}{12} = \dfrac{11}{12}$

② $\dfrac{5}{6} \times \dfrac{9}{10} - \dfrac{1}{6} = \dfrac{5 \times 9}{6 \times 10} - \dfrac{1}{6}$

$= \dfrac{9}{12} - \dfrac{2}{12} = \dfrac{7}{12}$

③ $\dfrac{7}{20} - \dfrac{3}{10} \times \dfrac{5}{6} = \dfrac{7}{20} - \dfrac{3 \times 5}{10 \times 6}$

$= \dfrac{7}{20} - \dfrac{5}{20} = \dfrac{2}{20} = \dfrac{1}{10}$

④ $\dfrac{3}{10} + \dfrac{3}{4} \times \dfrac{8}{15} = \dfrac{3}{10} + \dfrac{3 \times 8}{4 \times 15}$

$= \dfrac{3}{10} + \dfrac{4}{10} = \dfrac{7}{10}$

80

和・差・積・商

次の計算をしましょう。

① $\dfrac{8}{15} - \dfrac{6}{25} \div \dfrac{8}{15} = \dfrac{8}{15} - \dfrac{6 \times 15}{25 \times 8}$

$= \dfrac{32}{60} - \dfrac{27}{60} = \dfrac{5}{60} = \dfrac{1}{12}$

② $\dfrac{10}{21} \div \dfrac{15}{14} + \dfrac{5}{12} = \dfrac{10 \times 14}{21 \times 15} + \dfrac{5}{12}$

$= \dfrac{16}{36} + \dfrac{15}{36} = \dfrac{31}{36}$

③ $\dfrac{5}{8} + \dfrac{7}{9} \div \dfrac{14}{3} = \dfrac{5}{8} + \dfrac{7 \times 3}{9 \times 14}$

$= \dfrac{15}{24} + \dfrac{4}{24} = \dfrac{19}{24}$

④ $\dfrac{1}{10} + \dfrac{8}{9} \div \dfrac{20}{21} = \dfrac{1}{10} + \dfrac{8 \times 21}{9 \times 20}$

$= \dfrac{3}{30} + \dfrac{28}{30} = \dfrac{31}{30}$

81

小数・分数 ①
小数を分数に

小数の 0.1 は分数で $\frac{1}{10}$ に直せます。　$0.1 = \frac{1}{10}, \quad 1.7 = \frac{17}{10}$

① 次の小数を、分数で表しましょう。

① $0.3 = \frac{3}{10}$　　　② $0.7 = \frac{7}{10}$

③ $1.1 = \frac{11}{10}$　　　④ $1.3 = \frac{13}{10}$

⑤ $2.3 = \frac{23}{10}$　　　⑥ $3.3 = \frac{33}{10}$

小数の 0.2 は分数で $\frac{1}{5}$ に直せます。　$0.2 = \frac{2}{10} = \frac{1}{5}$

② 次の小数を、分数で表しましょう。

① $0.5 = \frac{1}{2}$　　　② $0.8 = \frac{4}{5}$

③ $1.2 = \frac{6}{5}$　　　④ $1.5 = \frac{3}{2}$

⑤ $2.5 = \frac{5}{2}$　　　⑥ $2.8 = \frac{14}{5}$

小数・分数 ②
小数を分数に

小数 0.01 は分数で $\frac{1}{100}$ に直せます。　$0.01 = \frac{1}{100}, \quad 0.23 = \frac{23}{100}$

① 次の小数を、分数で表しましょう。

① $0.03 = \frac{3}{100}$　　　② $0.07 = \frac{7}{100}$

③ $0.11 = \frac{11}{100}$　　　④ $0.13 = \frac{13}{100}$

⑤ $0.23 = \frac{23}{100}$　　　⑥ $0.21 = \frac{21}{100}$

小数の 0.02 は分数で $\frac{1}{50}$ に直せます。　$0.02 = \frac{2}{100} = \frac{1}{50}$

② 次の小数を、分数で表しましょう。

① $0.04 = \frac{1}{25}$　　　② $0.05 = \frac{1}{20}$

③ $0.16 = \frac{4}{25}$　　　④ $0.25 = \frac{1}{4}$

⑤ $0.36 = \frac{9}{25}$　　　⑥ $0.48 = \frac{12}{25}$

小数・分数 ③
小数の混じった計算

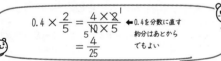

$0.4 \times \frac{2}{5} = \frac{4 \times \cancel{2}^{1}}{\cancel{10} \times 5} = \frac{4}{25}$　←0.4を分数に直す　約分はあとからでもよい
$\phantom{0.4 \times \frac{2}{5}} = \frac{4}{25}$

次の計算をしましょう。

① $0.9 \times \frac{2}{3} = \frac{\cancel{9}^{3} \times \cancel{2}}{\cancel{10} \times \cancel{3}_{1}}$
　　$= \frac{3}{5}$

② $\frac{1}{2} \times 0.6 = \frac{1 \times \cancel{6}^{3}}{\cancel{2} \times 10}$
　　$= \frac{3}{10}$

③ $3.6 \times \frac{1}{6} = \frac{\cancel{36}^{3} \times 1}{\cancel{10} \times \cancel{6}_{1}}$
　　$= \frac{3}{5}$

④ $\frac{1}{8} \times 4.8 = \frac{1 \times \cancel{48}^{3}}{\cancel{8} \times \cancel{10}_{5}}$
　　$= \frac{3}{5}$

⑤ $\frac{5}{12} \div 0.5 = \frac{\cancel{5}^{1} \times \cancel{10}^{5}}{\cancel{12}_{6} \times \cancel{5}_{1}}$
　　$= \frac{5}{6}$

⑥ $0.6 \div \frac{5}{8} = \frac{6 \times \cancel{8}^{4}}{\cancel{10}_{5} \times 5}$
　　$= \frac{24}{25}$

⑦ $\frac{3}{5} \div 1.2 = \frac{\cancel{3}^{1} \times \cancel{10}^{1}}{5 \times \cancel{12}_{2}}$
　　$= \frac{1}{2}$

⑧ $0.8 \div \frac{2}{5} = \frac{\cancel{8}^{2} \times 5}{\cancel{10} \times \cancel{2}_{1}}$
　　$= 2$

小数・分数 ④
小数の混じった計算

次の計算をしましょう。

① $0.6 \times \frac{2}{3} = \frac{\cancel{6}^{2} \times \cancel{2}}{\cancel{10} \times \cancel{3}_{1}}$
　　$= \frac{2}{5}$

② $\frac{1}{2} \times 0.4 = \frac{1 \times \cancel{4}}{\cancel{2} \times \cancel{10}_{5}}$
　　$= \frac{1}{5}$

③ $0.6 \times \frac{1}{6} = \frac{\cancel{6} \times 1}{10 \times \cancel{6}_{1}}$
　　$= \frac{1}{10}$

④ $\frac{1}{2} \times 0.8 = \frac{1 \times \cancel{8}^{2}}{\cancel{2} \times \cancel{10}_{5}}$
　　$= \frac{2}{5}$

⑤ $0.9 \times \frac{1}{3} = \frac{\cancel{9}^{3} \times 1}{\cancel{10} \times \cancel{3}_{1}}$
　　$= \frac{3}{10}$

⑥ $0.7 \div \frac{7}{12} = \frac{\cancel{7}^{1} \times \cancel{12}^{6}}{\cancel{10}_{5} \times \cancel{7}_{1}}$
　　$= \frac{6}{5}$

⑦ $\frac{4}{7} \div 0.8 = \frac{\cancel{4}^{1} \times \cancel{10}^{5}}{7 \times \cancel{8}_{2}}$
　　$= \frac{5}{7}$

⑧ $\frac{4}{5} \div 0.3 = \frac{4 \times \cancel{10}^{2}}{\cancel{5} \times 3}$
　　$= \frac{8}{3}$

⑨ $\frac{5}{8} \div 0.3 = \frac{5 \times \cancel{10}^{5}}{\cancel{8}_{4} \times 3}$
　　$= \frac{25}{12}$

⑩ $4\frac{1}{6} \div 1.5 = \frac{\cancel{25}^{5} \times \cancel{10}^{5}}{\cancel{6}_{3} \times \cancel{15}_{3}}$
　　$= \frac{25}{9}$

まとめ ⑨
いろいろな分数
/50点

① □にあてはまる数をかきましょう。 (各5点/20点)

① 45秒 = $\dfrac{3}{\boxed{4}}$ 分　　② 30分 = $\dfrac{1}{\boxed{2}}$ 時間

③ $\dfrac{1}{3}$ 分 = $\boxed{20}$ 秒　　④ $\dfrac{3}{2}$ 時間 = $\boxed{90}$ 分

② 次の数は何倍ですか。分数で答えましょう。 (各5点/10点)

① 180円は300円の何倍ですか。

$\dfrac{180}{300} = \dfrac{3}{5}$

答え $\dfrac{3}{5}$ 倍

② $\dfrac{3}{4}$L は3Lの何倍ですか。

$\dfrac{3}{4} \div 3 = \dfrac{3}{4} \times \dfrac{1}{3} = \dfrac{1}{4}$

答え $\dfrac{1}{4}$ 倍

③ 次の計算をしましょう。 (各10点/20点)

① $\dfrac{3}{10} \div \dfrac{7}{8} \times \dfrac{7}{9} = \dfrac{3 \times 8 \times 7}{10 \times 7 \times 9}$

$= \dfrac{4}{15}$

② $\dfrac{5}{12} \div \dfrac{8}{3} \div \dfrac{15}{8} = \dfrac{5 \times 3 \times 8}{12 \times 8 \times 15}$

$= \dfrac{1}{12}$

まとめ ⑩
小数・分数
/50点

① 次の小数を簡単な分数で表しましょう。 (各5点/20点)

① $0.5 = \dfrac{1}{2}$　　② $0.2 = \dfrac{1}{5}$

③ $0.04 = \dfrac{1}{25}$　　④ $0.25 = \dfrac{1}{4}$

② 次の計算をしましょう。 (各5点/30点)

① $0.9 \times \dfrac{2}{3} = \dfrac{9 \times 2}{5 \times 3}$

$= \dfrac{3}{5}$

② $0.6 \times \dfrac{1}{6} = \dfrac{6 \times 1}{10 \times 6}$

$= \dfrac{1}{10}$

③ $\dfrac{4}{7} \times 0.8 = \dfrac{4 \times 8}{7 \times 10}$

$= \dfrac{16}{35}$

④ $\dfrac{1}{2} \times 0.4 = \dfrac{1 \times 4}{2 \times 10}$

$= \dfrac{1}{5}$

⑤ $\dfrac{3}{5} \div 1.2 = \dfrac{3 \times 10}{5 \times 12}$

$= \dfrac{1}{2}$

⑥ $0.6 \div \dfrac{5}{8} = \dfrac{6 \times 8}{10 \times 5}$

$= \dfrac{24}{25}$

場合の数 ①
並べ方

場合の数を調べるときは、数え落としや重複をさけて数えます。

① 遊園地で、ジェットコースター、観覧車、ゴーカートの3つを選びました。乗る順番は何通りありますか。
（ジェットコースター：A、観覧車：B、ゴーカート：C）

（1番目）（2番目）（3番目）

```
A ┬ B ── C
  └ C ── B

B ┬ A ── C
  └ C ── A

C ┬ A ── B
  └ B ── A
```

答え 6通り

※この木の枝のような図を **樹形図** といいます。

② 2枚のコイン10円と50円を投げたとき、表と裏はどのようになりますか。樹形図で表し、何通りあるか答えましょう。

（10円）（50円）

```
表 ┬ 表
   └ 裏

裏 ┬ 表
   └ 裏
```

答え 4通り

場合の数 ②
並べ方

① 遊園地で、ジェットコースター、観覧車、ゴーカート、メリーゴーランドの4つを選びました。乗る順番は何通りありますか。
（ジェットコースター：A、観覧車：B、ゴーカート：C、メリーゴーランド：D）

（1番目）（2番目）（3番目）（4番目）

```
            C ── D
        B ┬
            D ── C

            B ── D
A ┬     C ┬
            D ── B

            B ── C
        D ┬
            C ── D
```

$6 \times 4 = 24$

1番目がB、C、Dの場合も
ふくめて考えます。

答え 24通り

② 3枚のコイン10円と50円と100円を投げたとき、表と裏はどのようになりますか。表を完成させ、何通りあるか答えましょう。

10 円	表	表	表	裏	裏	裏	裏
50 円	表	表	裏	表	裏	表	裏
100 円	表	裏	表	表	裏	表	裏

答え 8通り

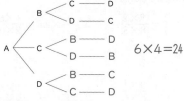

月　日　名前

場合の数 ③
並べ方

① ⬚1⬚ ⬚2⬚ ⬚3⬚ ⬚4⬚ の4枚のカードを並べて4けたの整数をつくります。何通りありますか。

（千の位）（百の位）（十の位）（一の位）

6×4＝24

答え　　24通り

② ⬚0⬚ ⬚1⬚ ⬚2⬚ ⬚3⬚ の4枚のカードを並べて4けたの整数をつくります。何通りありますか。ただし「0123」などは4けたの数ではありません。

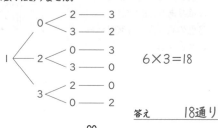

6×3＝18

答え　　18通り

90

月　日　名前

場合の数 ④
並べ方

男の子2人、女の子2人の4人がいます。
男の子をA、B、女の子をc、dとします。

① この4人が並ぶとき、並び方は何通りありますか。

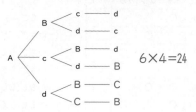

6×4＝24

答え　　24通り

② 男の子2人は、ABまたはBAのとなりどうしの組にします。
男の子の組とc、dの並び方は何通りありますか。

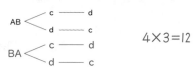

4×3＝12

答え　　12通り

91

月　日　名前

場合の数 ⑤
組み合わせ方

クラスをA、B、C、D 4つのチームに分けて、ソフトボールの試合をします。

① リーグ戦方式（すべてのチームに1回ずつあたる総あたり方式）でやると、全部で何試合することになりますか。

	A	B	C	D
A		○	○	○
B			○	○
C				○
D				

答え　　6試合

① トーナメント方式（勝ちぬき戦方式）でやると、何試合することになりますか。

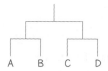

A　B　C　D

答え　　3試合

92

月　日　名前

場合の数 ⑥
組み合わせ方

お祭りの風船が、赤、青、緑、黄の4色があります。

① 4色うち1色を選ぶとすると、選び方は何通りありますか。
選ぶ色を（　）で表すと
（　赤　）（　青　）（　緑　）（　黄　）

答え　　4通り

② 4色のうちから2色を選ぶとすると、選び方は何通りありますか。
（　赤、青　）（　赤、緑　）（　赤、黄　）
（　青、緑　）（　青、黄　）（　緑、黄　）

答え　　6通り

③ 4色のうちから3色を選ぶとすると、選び方は何通りありますか。
（　赤、青、緑　）（　赤、青、黄　）
（　赤、緑、黄　）（　青、緑、黄　）

答え　　4通り

※ ③は、4色のうち選ばない色を1つ決めることと同じなので、①と同じ結果になります。

93

場合の数 ⑦
組み合わせ方

① いちご、もも、なし、りんご、みかんの5つの中から2種類
選びます。どんな組み合わせで、何通りになりますか。

いちご	もも	なし	りんご	みかん
○	○				→ （ いちご、もも ）
○		○			→ （ いちご、なし ）
○			○		→ （ いちご、りんご ）
○				○	→ （ いちご、みかん ）
	○	○			→ （ もも、なし ）
	○		○		→ （ もも、りんご ）
	○			○	→ （ もも、みかん ）
		○	○		→ （ なし、りんご ）
		○		○	→ （ なし、みかん ）
			○	○	→ （ りんご、みかん ）

答え　　10通り

※ この問題で5つの中から3種類選ぶとしましょう。これも
選ばない2種類を決めるのと同数なので、10通りとなります。

94

場合の数 ⑧
組み合わせ方・他

① 次の図で、家から、A駅を通ってB駅に行く方法は何通りあり
ますか。

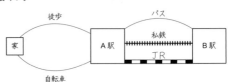

$2 \times 3 = 6$

答え　　6通り

② 赤、青、緑、黄の4色から、3色を選んで右下の旗の3つの
部分をぬります。何通りのぬり方がありますか。

4色から3色選ぶのは
4通りあり、選んだ
3色のぬり方　$3 \times 2 = 6$
$4 \times 6 = 24$

答え　　24通り

95

まとめテスト

まとめ ⑪
場合の数
　　　　／50点

① 5円、10円、100円、500円の4種類のコインがそれぞれ1枚
ずつあります。このうち2枚を組み合わせてできる金額をすべ
てかきましょう。　　　　　　　　　　　　(10点)

（　　15円, 105円, 505円, 110円, 510円, 600円　　）

② ②、③、④、⑤ のカードが1枚ずつあります。このうち
2枚選んで2けたの整数をつくります。何通りできますか。(10点)

$3 \times 4 = 12$

答え　　12通り

③ A、B、C、Dの4チームで野球の試合をします。(各15点／30点)

① 総あたり戦にすると何試合になりますか。

答え　　6試合

② 勝ちぬき戦にすると何試合になりますか。

答え　　3試合

96

まとめテスト

まとめ ⑫
場合の数
　　　　／50点

① ①、②、③、④、⑤ のカードが1枚ずつあります。こ
のうち2枚を選んで2けたの整数をつくります。何通りできま
すか。　　　　　　　　　　　　(10点)

$5 \times 4 = 20$

答え　　20通り

② A、B、C、D、Eの5人のアイドルグループを3人と2人
のチームに分けます。分け方は何通りありますか。(10点)

(A, B), (A, C), (A, D), (A, E)
(B, C), (B, D), (B, E), (C, D)
(C, E), (D, E)

答え　　10通り

③ 円周上の点A、B、C、D、E、Fをつないで三角形をつくります。

① 辺ABを1辺とする三角形をかきましょう。　　(各5点／20点)

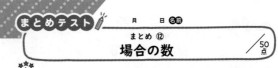

② 辺ACと同じ長さの正三角形は何通りできますか。(10点)

答え　　2通り

97

24

記録の整理

次の表は、6年生男子のソフトボール投げの記録です。

ソフトボール投げ（m）

番号	1組	2組	3組
1	21	24	22
2	28	22	25
3	16	26	41
4	33	21	29
5	29	46	38
6	25	20	24
7	26	41	26
8	22	27	20
9	24	35	43
10	22	29	23
11	45	30	31
12	20	19	18
13	40	30	30
14	27	20	27
15	26	23	26
16	26	30	/
合計	430	443	423

① 合計が1番多いのは何組ですか。

（　2組　）

② ①で答えたクラスが1番成績がよいといえますか。

（　いえない　）

③ 1番遠くまで投げた人は、何組で何m投げましたか。

（　2　）組（　46　）m

④ 1番近くに投げた人は、何組で何m投げましたか。

（　1　）組（　16　）m

⑤ 平均を小数第1位まで出して（小数第2位を四捨五入）、比べてみましょう。

1組（　26.9m　）

2組（　27.7m　）

3組（　28.2m　）

⑥ 平均すると1番成績がよいクラスはどこですか。

（　3組　）

98

ちらばりのようす

左のソフトボール投げの記録のちらばりのようすを調べましょう。

1組

2組

3組

① 1組のようすは上のとおりです。これをドットプロットといいます。2組、3組の記録を数直線上に○で表しましょう。

② クラスの記録は、それぞれ何m以上何m以下のはんいにちらばっていますか。

1組　（　16　）m以上（　45　）m以下

2組　（　19　）m以上（　46　）m以下

3組　（　18　）m以上（　43　）m以下

99

代表値

データのちらばりのようすを代表する値を 代表値 といいます。
データの中で最も多く出てくる値を 最ひん値 といいます。
データを大きさの順に並べたとき、中央にある値を 中央値 といいます。
平均値、最ひん値、中央値を代表値といいます。

6年生男子のソフトボール投げで、1組の最ひん値は26mになります。データを大きさの順に並べ8番目と9番目の平均が中央値になります。

16、20、21、22、22、24、25、26、26、26、27、28、29、33、40、45

$\frac{26+26}{2}=26$　26m が中央値です。

① 6年生男子の2組、3組の最ひん値を求めましょう。

2組（　30m　）　　3組（　26m　）

② 6年生男子の2組、3組の中央値を求めましょう。

2組

19, 20, 20, 21, 22, 23, 24, 26, 27, 29, 30, 30, 30, 35, 41, 46

$\frac{26+27}{2}=26.5$　　（　26.5m　）

3組

18, 20, 22, 23, 24, 25, 26, 26, 27, 29, 30, 31, 38, 41, 43

（　26m　）

100

度数分布表

6年生男子ソフトボール投げの記録をデータをいくつかの区間に区切って整理した表にまとめます。このような表を 度数分布表 といいます。

また、区間のことを 階級 といい、それぞれの階級に入るデータの個数を 度数 といいます。

きょり(m)	1組(人)
15以上～20未満	1
20 ～25	5
25 ～30	7
30 ～35	1
35 ～40	0
40 ～45	1
45 ～50	1
合　計	16

2組、3組の記録から度数分布表をつくりましょう。

2組

きょり(m)	1組(人)
15以上～20未満	1
20 ～25	6
25 ～30	3
30 ～35	3
35 ～40	1
40 ～45	1
45 ～50	1
合　計	16

3組

きょり(m)	1組(人)
15以上～20未満	1
20 ～25	4
25 ～30	5
30 ～35	2
35 ～40	1
40 ～45	2
45 ～50	0
合　計	15

101

25

柱状グラフ

① 6年生男子1組の度数分布表を柱状グラフに表しましょう。

ソフトボール投げ	
きょり(m)	1組(人)
15以上〜20未満	1
20 〜25	5
25 〜30	7
30 〜35	1
35 〜40	0
40 〜45	1
45 〜50	1
合 計	16

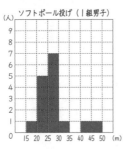

※ 上のようなグラフを 柱状グラフ または ヒストグラム と
いいます。

② 2組、3組の柱状グラフをかきましょう。

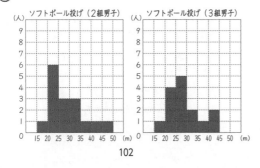

データの整理

6年生男子のソフトボール投げのデータをまとめましょう。
資料の調べ方①〜⑤を見てかきましょう。

	1組	2組	3組
一番長いきょり（最大値）	45 m	46 m	43 m
1番短いきょり（最小値）	16 m	19 m	18 m
平均値（小数第1位）	26.9 m	27.7 m	28.2 m
最ひん値	26 m	30 m	26 m
中央値	26 m	26.5 m	26 m
一番多い階級	25m〜30m	20m〜25m	25m〜30m
40m以上の割合	12.5 %	12.5 %	13.3 %
30m以上の割合	18.8 %	37.5 %	33.3 %

※ 割合については、小数第2位を四捨五入しましょう。

※ 平均の値と、たくさんのデータが集まっているところは、
同じとは限りません。

データの整理

次の表は6年生の体重で、小数点以下を四捨五入したもの
です。

6年生の体重 21名 (kg)					
31	29	30	34	28	33	39
33	34	32	36	30	33	35
38	31	32	35	36	34	33

① 体重の平均を求めましょう。四捨五入して、小数第1位まで
求めます。

式　31+29+30+34+28+33+39＝224
　　33+34+32+36+30+33+35＝233
　　38+31+32+35+36+34+33＝239
　　696÷21＝33.14　　　　答え　　33.1kg

② データをドットプロットしましょう。

③ 最ひん値を求めましょう。

答え　　33kg

④ 中央値を求めましょう。

答え　　33kg

データの整理

左の表を見て答えましょう。

① 右の階級に
整理しましょう。

階 級	正	数
28kg以上〜30kg未満	丅	2
30kg 〜32kg	正	4
32kg 〜34kg	正一	6
34kg 〜36kg	正	5
36kg 〜38kg	丅	2
38kg 〜40kg	丅	2
合 計		21

② 柱状グラフをかきましょう。

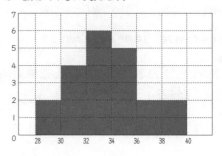

26

まとめ⑬ 資料の調べ方 /50点

グラフは5年1組と6年1組で、3か月間に読んだ本の冊数を調べた結果です。

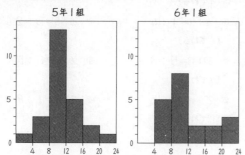

5年1組   6年1組

① 読んだ本の冊数が16冊以上の人数はそれぞれ何人ですか。
(各10点/20点)

5年1組（ 3人 ） 6年1組（ 5人 ）

② ゆうきさんは、どちらが多く読んだかを考えました。
□にあてはまる数をかきましょう。
(各10点/30点)

16冊以上の人数の割合をそれぞれ求めると
5年1組は 12 %、6年1組は 25 %
だから 6年1組 の方が多く読んだ。

106

まとめ⑭ 資料の調べ方 /50点

20点満点になるゲームを20人で行って表にまとめ、それを柱状グラフに表しました。ところが元の表のはしが切れてしまい、しょう君、みかさん、いくと君、りなさんの4人の結果がわからなくなってしまいました。

表と柱状グラフから各階級の度数を調べると

	表	グラフ
2点以上～5点未満	0	1
5点～8点	2	2
8点～11点	4	4
11点～14点	4	4
14点～17点	4	6
17点～20点	2	3

⑨番, ⑩番
⑲番, ⑳番
の4人の表が
欠けている。

2点～5点の階級に1名、14点～17点の階級に2名、
17点～20点の階級に1名入る。
表の合計点は、189点、20人の平均から合計点は240
240－189＝51（点）…（不足点）
しょう君の発言から、しょう君は14点、
いくと君の発言から、3×6＝18より りなさん3点、
いくと君18点
51－（14＋3＋18）＝16 みかさん16点となります。

4人の点数をそれぞれ求めましょう。しょう君（14点）、
みかさん（16点）、いくと君（18点）、りなさん（3点）

107

月 日 名前

比① 比をつくる

サラダ油とすをまぜてドレッシングをつくります。小さじで
サラダ油   2はい
す   3ばい
2と3の割合を「:」の記号を使って 2:3 のように表すことがあります。これを「二対三」と読みます。このように表された割合を比といいます。

サラダ油 2はい す 3ばい

① サラダ油6はいと、すを9はいにしたときのサラダ油とすの比を表しましょう。

答え 6:9

② 南小学校の5年生61名と、6年生31名の人数を比で表しましょう。

答え 61:31

③ 縦27cm、横12cmの本の縦と横の長さを、比で表しましょう。

答え 27:12

④ 1辺が5cmの正方形と、6cmの正方形のそれぞれの周りの長さの比を求めましょう。

答え 20:24

108

月 日 名前

比② 比の値

サラダ油4はい、すを6はいをまぜてドレッシングをつくっても
サラダ油:す＝2:3
のドレッシングと同じ味になります。
2:3＝4:6
等しい比になります。
a:bで表された比で、bを1と見たときにaがいくつにあたるかを表した数を比の値といいます。
a:bの比の値は、a÷bの商になります。
比の値が等しいとき、それらの比は等しくなります。

小さじ 4はい 6はい

① 比の値を分数で表しましょう。

① $5:6 \Rightarrow \dfrac{5}{6}$ ② $7:9 \Rightarrow \dfrac{7}{9}$

③ $4:8 \Rightarrow \dfrac{4}{8} = \dfrac{1}{2}$ ④ $2:6 \Rightarrow \dfrac{1}{3}$

⑤ $12:18 \Rightarrow \dfrac{2}{3}$ ⑥ $30:50 \Rightarrow \dfrac{3}{5}$

② 比の値が、1:3と等しい比をすべて選びましょう。

① 2:5   ② 2:6   ③ 3:7   ④ 4:12

答え ②, ④

109

比 ③
等しい比

等しい比をつくるとき、両方に
同じ数をかけます。

$$1:2 = 2:4$$

また、両方に同じ数でわります。

$$6:9 = 2:3$$

① □にあてはまる数を入れて、等しい比をつくりましょう。

① $1:5=4:\boxed{20}$ 　　② $3:10=\boxed{12}:40$

③ $0.3:0.7=\boxed{3}:7$ 　　④ $6:\boxed{8}=36:48$

⑤ $\boxed{5}:7=40:56$ 　　⑥ $0.4:\boxed{0.3}=28:21$

⑦ $1:2=3:\boxed{6}$ 　　⑧ $3:5=\boxed{9}:15$

⑨ $\boxed{4}:6=12:18$ 　　⑩ $4:\boxed{6}=24:36$

② $6:10$ と等しい比に○をつけましょう。

① $6:15$ ( ) 　　② $3:5$ (○)

③ $21:30$ ( ) 　　④ $12:20$ (○)

⑤ $18:20$ ( ) 　　⑥ $0.6:1$ (○)

110

比 ④
等しい比

① 〔　〕の中の数でわって等しい比をつくりましょう。

〔4でわる〕

① $4:16=1:4$ 　　② $20:8=5:2$

〔6でわる〕

③ $30:48=5:8$ 　　④ $66:84=11:14$

〔9でわる〕

⑤ $27:45=3:5$ 　　⑥ $9:81=1:9$

〔12でわる〕

⑦ $12:24=1:2$ 　　⑧ $48:84=4:7$

② 等しい比をつくりましょう。

① $15:25=3:\boxed{5}$ 　　② $30:24=5:\boxed{4}$

③ $28:49=4:\boxed{7}$ 　　④ $16:12=4:\boxed{3}$

⑤ $8:20=\boxed{2}:5$ 　　⑥ $32:12=\boxed{8}:3$

⑦ $35:45=\boxed{7}:9$ 　　⑧ $21:14=\boxed{3}:2$

⑨ $60:90=2:\boxed{3}$ 　　⑩ $84:60=\boxed{7}:5$

111

比 ⑤
整数の比で表す

比は $0.4:0.8$ のように小数で表す場合があります。
それぞれを10倍して簡単な整数
の比で表すことができます。

$$0.4:0.8 = 4:8$$
$$= 1:2$$

● 次の比を簡単な整数の比で表しましょう。

① $0.5:0.6=5:6$ 　　② $0.2:0.7=2:7$

③ $1.4:1.3=14:13$ 　　④ $0.2:0.5=2:5$

⑤ $0.2:0.6=2:6$ 　　⑥ $0.9:0.3=9:3$
$\quad\quad=1:3$ 　　　　　$\quad\quad=3:1$

⑦ $0.5:1.5=5:15$ 　　⑧ $1.6:2.4=16:24$
$\quad\quad=1:3$ 　　　　　$\quad\quad=2:3$

⑨ $2.1:3.5=21:35$ 　　⑩ $3.6:1.2=36:12$
$\quad\quad=3:5$ 　　　　　$\quad\quad=3:1$

112

比 ⑥
整数の比で表す

比 $\frac{1}{8}:\frac{1}{4}$ のように分数で表す場合があります。
通分して、分子どうしの等しい
比で表すことができます。

$$\frac{1}{8}:\frac{1}{4}=\frac{1}{8}:\frac{2}{8}$$
$$=1:2$$

● 次の比を簡単な整数の比で表しましょう。

① $\frac{2}{9}:\frac{5}{9}=2:5$ 　　② $\frac{4}{6}:\frac{1}{6}=4:1$

③ $\frac{2}{3}:\frac{1}{4}=8:3$ 　　④ $\frac{2}{5}:\frac{1}{3}=6:5$

⑤ $\frac{1}{4}:\frac{3}{8}=2:3$ 　　⑥ $\frac{5}{6}:\frac{5}{9}=15:10$
　　　　　　　　　　　　　　　　$=3:2$

⑦ $\frac{2}{7}:\frac{2}{21}=6:2$ 　　⑧ $\frac{7}{12}:\frac{7}{18}=21:14$
$\quad\quad=3:1$ 　　　　　　　　　$=3:2$

113

28

月　日　名前

比 ⑦
比の利用

① まさおさんの学校園は、野菜畑の面積と花畑の面積の比は
5：3 です。野菜畑の面積を10m²とすると、花畑の面積は
何m²ですか。

式　$5：3＝10：\boxed{}$

答え　　　6m²

② 山下さんと林さんが色紙を持っています。その枚数の比は
4：5 です。山下さんの持っている色紙は20枚です。林さんの
持っている色紙は何枚ですか。

式　$4：5＝20：\boxed{}$

答え　　　25枚

③ りんごとなしの値段の比は 2：3 です。りんごが100円のと
き、なしはいくらですか。

式　$2：3＝100：\boxed{}$

答え　　　150円

④ 村上さんの学校の図書館にある歴史の本と科学の本の冊数の
比は 5：2 です。歴史の本が450冊あります。科学の本は何冊
ですか。

式　$5：2＝450：\boxed{}$

答え　　　180冊

114

月　日　名前

比 ⑧
比の利用

① ひろしさんの学級の男子と女子の人数の比は 6：5 です。
女子が20人です。男子は何人ですか。

式　$6：5＝\boxed{}：20$

答え　　　24人

② 縦の長さと横の長さの比が 7：10 の旗をつくります。横の
長さを80cmにすると、縦の長さは何cmになりますか。

式　$7：10＝\boxed{}：80$

答え　　　56cm

③ コーヒーと牛乳をまぜて、コーヒー牛乳をつくります。まぜ
る割合は 3：4（コーヒー：牛乳）です。牛乳を100mL入れ
ると、コーヒーは何mLまぜるとよいですか。

式　$3：4＝\boxed{}：100$

答え　　　75mL

④ 赤いリボンと青いリボンの長さの比は 4：7 です。
青いリボンが42cmのとき、赤いリボンは何cmですか。

式　$4：7＝\boxed{}：42$

答え　　　24cm

115

月　日　名前

比 ⑨
比の利用

① みかんを15kgもらいました。自分の家とおとなりで、2：1
になるように分けようと思います。自分の家のみかんは何kgで
すか。また、おとなりは何kgですか。

式　$15×\dfrac{2}{2+1}＝10$

$15－10＝5$

答え　自分10kg，おとなり5kg

② 長さ160cmのリボンを、姉と妹で 5：3 になるように分け
ます。それぞれの長さは何cmですか。

式　$160×\dfrac{5}{5+3}＝100$

$160－100＝60$

答え　　姉100cm，妹60cm

③ 140枚の色紙を、兄と弟で 4：3 になるように分けます。
それぞれ何枚になりますか。

式　$140×\dfrac{4}{4+3}＝80$

$140－80＝60$

答え　　　兄80枚，弟60枚

116

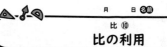

月　日　名前

比 ⑩
比の利用

① 広場に108人の人がいます。この人たちの男女の人数の比は
5：4 です。それぞれ何人ですか。

式　$108×\dfrac{5}{5+4}＝60$

$108－60＝48$

答え　　　男60人，女48人

② 1800gの砂糖水があります。砂糖と水の比は、2：7 です。
砂糖は何gふくまれていますか。

式　$1800×\dfrac{2}{2+7}＝400$

答え　　　砂糖400g

③ サラダ油とすの量を 5：4 の割合でまぜてドレッシングを
270mLつくります。それぞれ何mL使いますか。

式　$270×\dfrac{5}{5+4}＝150$

$270－150＝120$

答え　サラダ油150mL，す120mL

117

比 ⑪

比の利用

① 図を見て、木の高さを求めましょう。

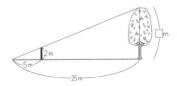

式　5：2＝25：□

答え　　10m

② あるクラブの男子と女子の比は 7：5 です。
このクラブの男子は女子より4人多いです。
それぞれ何人ですか。

式　7－5＝2

2：5＝4：□

□＝10

10＋4＝14

答え　　男子14人, 女子10人

118

比 ⑫

比の利用

① 長さ90cmのひもで長方形をつくります。縦と横の長さの比を
3：2 にするには、縦と横の長さは何cmにすればよいですか。

式　90÷2＝45

$45 \times \dfrac{3}{3+2} = 27$

45－27＝18

答え　　縦27cm, 横18cm

② 白と赤のバラの花が40本あります。
赤いバラを4本ふやしたので、赤と白のバラの数の比は、
6：5 になりました。それぞれのバラの数を求めましょう。

式　6－5＝1

1：5＝4：□

□＝20

答え　白いバラ20本, 赤いバラ24本

119

まとめ ⑮

比

/50点

① 等しい比をつくりましょう。　　　　　　(各5点/30点)

①　15：25＝3：5

②　16：12＝4：3

③　21：14＝3：2

④　0.6：1＝3：5

⑤　$\dfrac{2}{3} : \dfrac{1}{4} = 8 : 3$

⑥　12：36＝1：3

★★
② たいがさんとお父さんの体重の比は 3：5 です。たいがさんとお父さんの体重の合計は、104kgでした。お父さんの体重は何kgですか。
(式5点, 答え5点/10点)

式　$104 \times \dfrac{5}{3+5} = 65$

答え　　65kg

★★★
③ 32枚の色紙をかえでさんと妹とで、枚数の比が 9：7 になるように分けます。かえでさんと妹の枚数を求めましょう。
(式5点, 答え5点/10点)

式　$32 \times \dfrac{9}{9+7} = 18$

32－18＝14

答え　　かえで18枚, 妹14枚

120

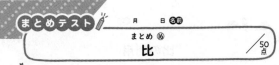

まとめ ⑯

比

/50点

① 次の比と等しい比を2つずつ見つけ、記号をかきましょう。
(1つ5点/30点)

①　1：2　　(⑦)(⊕)

⑦ 12：24　④ 18：9　⑨ 48：36　⊕ 72：144

②　3：4　　(⑦)(④)

⑦ 15：20　④ 0.09：0.12　⑨ 6：10　⊕ 0.03：0.06

③　5：7　　(⑨)(⊕)

⑦ $\dfrac{1}{2} : \dfrac{3}{4}$　④ $2\dfrac{1}{2} : \dfrac{7}{3}$　⑨ 1.5：2.1　⊕ 110：154

★★★
② 6年生全体の人数は105人で、男子の人数と全体の人数の比は
8：15 です。女子の人数は何人ですか。
(式5点, 答え5点/10点)

式　8：15＝□：105

□＝56

105－56＝49　　　　答え　　49人

★★★
③ けいさんとお姉さんはお金を出し合って、720円の本を買うことにしました。けいさんの出す分とお姉さんの出す分を 4：5 とすると、けいさんは何円出せばよいですか。
(式5点, 答え5点/10点)

式　$720 \times \dfrac{4}{4+5} = 320$

答え　　320円

121

30

比例とは

ともなって変わる2つの量 x と y があって、x が2倍、3倍、…… となるとき、対応する y も2倍、3倍、…… になるとき、y は x に比例する といいます。

1冊150円のノートを x 冊買ったときの代金を y 円とします。

冊数 x（冊）	1	2	3	4	5
代金 y（円）	150	300	450	600	㋐

① x の値が1から2へ2倍になったとき、y の値は何倍になりますか。

答え　2倍になる

② x の値が1から3へ3倍になったとき、y の値は何倍になりますか。

答え　3倍になる

③ y は x に比例しているといえますか。

答え　　いえる

④ 表の㋐の値を求めましょう。

答え　　750

122

比例とは

1分間に4Lの水を入れます。水を入れる時間を x 分、水の量を y Lとします。

時間 x（分）	1	2	3		6	7
水の量 y（L）	4	8	12		24	㋐

① y は x に比例しているといえますか。

答え　　いえる

② x の値が1から2へと1増えると、y の値はいくつ増えますか。

答え　　4増える

③ x の値が2から3へと1増えると、y の値はいくつ増えますか。

答え　　4増える

④ 表の㋐の値を求めましょう。

答え　　28

※ ②、③で求めた値は、きまった数 といいます。

123

比例の式

1個50円のガムを買ったときの、個数と代金は比例しています。表で $y \div x$ は1個のガムの値段できまった数になります。

ガムの数 x（個）	1	2	3
代金 y（円）	50	100	150
$y \div x$	50	50	50

これを使って、比例の式は　$y =$ きまった数 $\times x$
と表せます。

底辺4cmの平行四辺形があります。平行四辺形の高さを x cmとして、その面積を y cm²として表をつくりました。

高さ x（cm）	1	2	3	4	5
面積 y（cm²）	4	8	12	16	20
$y \div x$	4	4	4	㋐	㋑

① y は x に比例しているといえますか。

答え　　いえる

② 表の㋐、㋑の値を求めましょう。

答え　㋐4　㋑4

③ y を x の式で表しましょう。

$y = 4 \times x$

124

比例の式

① 表は、正三角形の1辺の長さと周りの長さの関係を表しています。

① 表を完成させましょう。

1辺の長さ x（cm）	1	2	3	4	5	6
周りの長さ y（cm）	3	6	9	12	15	18

② 1辺の長さを x、周りの長さを y として、関係を式に表しましょう。

$y = 3 \times x$

② 表は、分速1.5kmで走っている電車の、走った時間と進んだ道のりの関係を表しています。

① 表を完成させましょう。

時　間 x（分）	1	2	3	4	5	6
道のり y（km）	1.5	3	4.5	6	7.5	9

② x、y を使って、関係を式に表しましょう。

$y = 1.5 \times x$

③ 12分後、電車は何km進んでいますか。

式　$1.5 \times 12 = 18$

答え　　18km

125

比例と反比例 ⑤
比例のグラフ

新幹線が1分間に3kmの速さで進んでいます。かかった時間xと進んだ道のりyの関係を表やグラフに表しましょう。

① 表にあてはまる数をかきましょう。

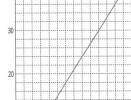

時　間 x(分)	0	1	2	3	4	5	6
道のり y(km)	0	3	6	9	12	15	18

② 表の時間と道のりの値を、グラフに点で打ちましょう。

③ 点を直線でつなぎましょう。

④ できたグラフをさらに高い値にのばします。グラフから、12分後に何km進むことがわかりますか。

答え　　36km

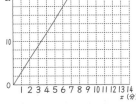

⑤ xとyの関係を式に表しましょう。

$y=3×x$

比例と反比例 ⑥
比例のグラフ

2本で3Lの水が入るペットボトルがあります。

① このペットボトルの本数と、入っている水の量の関係をグラフに表しましょう。

② 6本分の水の量は何Lですか。

答え　　9L

③ 6Lのときの本数は何本ですか。

答え　　4本

④ 1本分の水の量は何Lですか。

答え　　1.5L

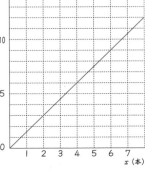

⑤ 本数をx、水の量をyにして、関係を式に表しましょう。

$y=1.5×x$

⑥ 15本分の水の量を求めましょう。

式　1.5×15=22.5

答え　　22.5L

比例と反比例 ⑦
比例のグラフ

容器に水を入れます。
水を入れる時間x分と、たまった水の深さ$y$cmの関係をグラフに表しました。

① yはxに比例していますか。

答え　　している

② 水を6分入れたとき、たまった水の深さyは何cmですか。

答え　　9cm

③ 水を1分入れたとき、たまった水の深さyは何cmですか。

答え　　1.5cm

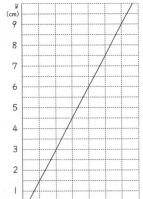

④ xとyの関係式をかきましょう。

$y=1.5×x$

比例と反比例 ⑧
比例を使って

① 同じネジがたくさんあります。重さをはかると1392gでした。このネジ6本分の重さは48gです。ネジは何本ありますか。

考え方1　① ネジ1本分の重さは何gですか。

式　48÷6=8

答え　　8g

② ①の値を使って、ネジの数を求めましょう。

式　1392÷ 8 =174

答え　　174本

考え方2　① ネジ全部の重さは、6本分の重さの何倍ですか。

式　1392÷48=29

答え　　29倍

② ネジの数も、重さと比例していることを用いて、ネジの数を求めましょう。

式　6× 29 =174

答え　　174本

② 紙のたばがあります。20枚重ねた厚さは0.2cmで、全体の厚さは5cmでした。紙は何枚ありますか。

式　5÷0.2=25
　　20×25=500

答え　　500枚

比例を使って

① 3mが750円の布があります。この布8mの値段を求めます。

　① 1mあたりの値段を求めましょう。

　　式　750÷3＝250

　　　　　　　　　　　　　　　　答え　　　250円

　② 布8mの値段を求めましょう。

　　式　250×8＝2000

　　　　　　　　　　　　　　　　答え　　　2000円

② 45kmはなれた町まで、自転車で3時間かかりました。
　この速さで2時間走ると、何km進みますか。

　式　45÷3＝15　　時速15km
　　　15×2＝30

　　　　　　　　　　　　　　　　答え　　　30km

③ 200gで900円の肉があります。この肉を700g買うと何円
ですか。

　式　900÷200＝450円／100g
　　　450×7＝3150

　　　　　　　　　　　　　　　　答え　　　3150円

130

 # 比例を使って

① 長さ4mで重さが80gの針金があります。この針金16mの重さ
は何gになりますか。

　① 16mは4mの何倍ですか。

　　式　16÷4＝4

　　　　　　　　　　　　　　　　答え　　　4倍

　② 針金16mの重さを求めましょう。

　　式　80×4＝320

　　　　　　　　　　　　　　　　答え　　　320g

② 25本のくぎの重さは50gでした。同じくぎ100本の重さを求め
ましょう。

　式　100÷25＝4
　　　50×4＝200

　　　　　　　　　　　　　　　　答え　　　200g

③ 2時間で121km走る自動車があります。同じ速さで4時間
走ると、何km走りますか。

　式　4÷2＝2
　　　121×2＝242

　　　　　　　　　　　　　　　　答え　　　242km

131

 # 反比例とは

　ともなって変わる2つの量xとyがあって、xが2倍、3倍、
…… になるとき、対応するyが$\frac{1}{2}$、$\frac{1}{3}$、…… になると
き、yはxに反比例する といいます。

　たとえば、面積がいつも12cm²の長方形の縦の長さと、横の
長さを考えてみましょう。
　縦を$x$cm、横を$y$cmとします。

縦x(cm)	1	2	3	4	6	12
横y(cm)	12	6	4	3	2	1

表を見て

　xの値が1から2へと2倍になれば、yの値は12から6へと
$\frac{1}{2}$になります。

　xの値が1から3へと3倍になれば、yの値は12から4へと
$\frac{1}{3}$になります。

　xの値が1から4へと4倍になれば、yの値は12から3へと
$\frac{1}{4}$になります。

　このことから、yはxに反比例していることがわかります。

132

 # 反比例とは

　6kmの道のりを、時速$x$kmで歩いたときにかかる時間
をy時間として表をつくりました。

時速x(km)	1	2	3	4	5	6
時間y(時間)	6	3	2	1.5	⑦	⑦

① xの値が1から2へと2倍になったとき、yの値は何倍にな
りますか。

　　　　　　　　　　　　答え　$\frac{1}{2}$倍になる

② xの値が1から3へと3倍になったとき、yの値は何倍にな
りますか。

　　　　　　　　　　　　答え　$\frac{1}{3}$倍になる

③ yはxに反比例しているといえますか。

　　　　　　　　　　　　答え　　　いえる

④ 表の⑦、⑦の値を求めましょう。

　　　　　　　　　　　　答え　⑦1.2 ⑦1

133

33

反比例の式

長方形の面積が12cm²の縦の長さ x cmと、横の長さ y cmは反比例していました。

縦 x (cm)	1	2	3	4	6	12
横 y (cm)	12	6	4	3	2	1
$y×x$ (cm²)	12	12	12	12	12	12

ここで、$x×y$ の値はいつも12（きまった数）になります。
反比例の式は　$y＝$ きまった数 $÷x$
と表せます。

面積が18cm²の長方形の縦の長さ x cm、横の長さ y cmとして表をつくりました。

縦 x (cm)	1	2	3	4	5	6
横 y (cm)	18	9	6	4.5	3.6	3
$y×x$ (cm²)	18	18	18	18	⑦	④

① 表の⑦、④の値を求めましょう。

答え ⑦18　④18

② y を x の式で表しましょう。

$y＝18÷x$

134

反比例の式

① 12cmのリボンを x 本に等分します。そのときの1本の長さを y cmとして表をつくりました。

本数 x (本)	1	2	3	4	5	6
長さ y (cm)	12	6	4	3	2.4	2

① y は x に反比例しているといえますか。

答え　　いえる

② y を x の式で表しましょう。

$y＝12÷x$

② 24Lの水が入る水そうがあります。1分間に入れる水の量を x L、いっぱいになる時間を y 分として表をつくりました。

1分間に x (L)	1	2	3	4	6	8	12	24
時間 y (分)	24	12	8	6	4	3	2	1

① y は x に反比例しているといえますか。

答え　　いえる

② y を x の式で表しましょう。

$y＝24÷x$

135

反比例のグラフ

12kmの道のりを、時速 x kmで歩いたときのかかる時間を y 時間として表をつくります。表を完成させて、グラフをかきましょう。

時速 x (km)	1	2	3	4	5	6	12
時間 y (時間)	12	6	4	3	2.4	2	1

表の点を打ち、なめらかな曲線で結びます。

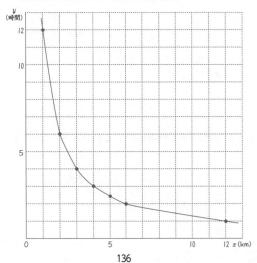

136

反比例のグラフ

面積が5cm²になる三角形の底辺を x cm、高さを y cmとしたときのグラフを見て、あとの問いに答えましょう。

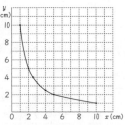

① x と y の関係を式に表しましょう。

$y＝10÷x$

② 底辺が5cmのとき、高さは何cmですか。

$y＝10÷5＝2$

答え　　2cm

③ 高さが2.5cmのとき、底辺は何cmですか。

$2.5×x＝10$
$x＝4$

答え　　4cm

④ 底辺が8cmのとき、高さは何cmですか。

$y＝10÷8＝1.25$

答え　　1.25cm

137

反比例を使って

① 底辺が12cm、高さが6cmの三角形があります。この三角形と同じ面積で、底辺の長さが9cmの三角形の高さは何cmですか。

式　$12×6÷2=36$
　　$36×2÷9=8$

答え　　　8 cm

② 友達の家に行くのに、分速60mで歩いていくと10分かかるところを、分速100mで走っていきました。何分で着きましたか。

式　$60×10=600$
　　$600÷100=6$

答え　　　6分

③ 3人で教室のそうじをすると20分かかります。15分で終わらせるには、あと何人連れてくればよいですか。

式　$3×20÷15=60÷15=4$

答え　1人連れてくる

138

反比例を使って

① 卒業式の準備で体育館にイスを並べます。4人で並べると6時間かかります。

① 1時間で仕事を終えるには、何人でやればよいですか。

式　$4×6÷1=24$

答え　　　24人

② 45分で終えるには、何人でやればよいですか。

式　$24÷\dfrac{3}{4}=\dfrac{\overset{8}{24}×4}{1×\underset{1}{3}}=32$

答え　　　32人

② 60m³の水が入る水そうがあります。これに満水になるまで水を入れます。

① 1時間に5m³入れられるポンプを使うと、何時間かかりますか。

式　$60÷5=12$

答え　　　12時間

② ①のポンプがちょうど2時間で故障してしまいました。残りは1時間に10m³ずつ入れられるポンプを借りてきて、急いで入れました。最初に入れはじめてから何時間かかりましたか。

式　$60-5×2=50$
　　$50÷10=5$
　　$5+2=7$

答え　　　7時間

139

比例と反比例　　/50点

① 表は縦の長さが 3.5cm の長方形の横の長さ $x$cm と面積 $y$cm² の関係を表したものです。

① x と y の関係を式に表しましょう。（10点）

x cm	1	2	3	4	5
y cm²	3.5	7	10.5	14	17.5

$y=3.5×x$

② 面積が49cm²のとき、横の長さは何cmですか。（10点）

式　$49÷3.5=14$

答え　　　14cm

② 表は面積が 6cm² の三角形の底辺 $x$cm と高さ $y$cm の関係を表したものです。

x cm	1	2	3	4	6	8	10	12
y cm	12	6	4	3	2	1.5	1.2	1

① 表を完成させましょう。（1つ2点/10点）

② x と y の関係を式に表しましょう。（10点）

$y=12÷x$

③ グラフに表しましょう。（10点）

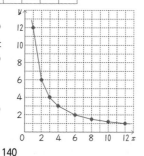

140

比例と反比例　　/50点

① x と y の関係を式に表しましょう。y は x に比例、または反比例しているか答えましょう。

（式、比例反比例各5点/30点）

① 直径 $x$cm の円の円周 $y$cm。

$y=3.14×x$　　　（　比例　）

② 体積が 31.4cm³ の円柱の底面積 $x$cm² と高さ $y$cm。

$y=31.4÷x$　　　（　反比例　）

③ 60kmの道のりを時速 $x$kmの速さで y 時間かかる。

$y=60÷x$　　　（　反比例　）

② グラフはふつう電車と急行電車が同じ駅を同じ方向に出発したときの走った時間 x 秒と走った道のり y m の関係を表しています。

① 急行電車の x と y の関係を式に表しましょう。（10点）

$y=30×x$

② 出発して、3分後には、何mはなれていますか。（10点）

式　$1800-1200=600$
　　$600×3=1800$

答え　　　1800m

141

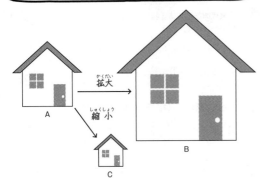

B の家の図は A の家の図を形を変えないで大きくした図です。大きくすることを **拡大する** といいます。また、B は A の **拡大図** といいます。
C の家の図は、A の形を変えないで小さくした図です。小さくすることを **縮小する** といいます。また、C は A の **縮図** といいます。

どの部分の長さも2倍にした図を **2倍の拡大図** といい、どの部分も $\frac{1}{2}$ に縮めた図を **$\frac{1}{2}$の縮図** といいます。

B は A の2倍の拡大図です。C は A の $\frac{1}{2}$ の縮図です。

142

◯ ⓘは、ⓐの拡大図です。

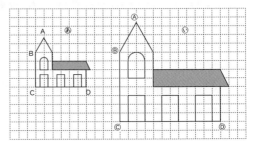

① 対応する辺の長さの比を簡単な整数の比に表しましょう。

⑦ 辺BC：辺ⓑⓒ＝ 4 ： 8 ＝ I ： 2

④ 辺CD：辺ⓒⓓ＝ 6 ： 12 ＝ I ： 2

② 対応する角の大きさを求めましょう。

⑦ 角A＝(60°) 角ⓐ＝(60°)

④ 角C＝(90°) 角ⓒ＝(90°)

③ ⓘは、ⓐの何倍の拡大図ですか。

答え　　　2倍

143

① 2倍の拡大図と $\frac{1}{2}$ の縮図をかきましょう。

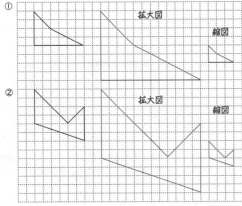

② $\frac{1}{2}$ の縮図をかきましょう。

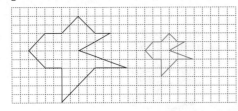

144

① 三角形の2倍の拡大図をかきましょう。

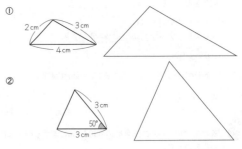

② 辺の長さが5cm，3cm，4cmの三角形の2倍の拡大図をかきましょう。

145

36

拡大図・縮図

① 三角形の縮図をかきましょう。

① $\frac{1}{3}$ の縮図

② $\frac{1}{4}$ の縮図

② 次の縮図をかきましょう。

① 辺の長さが10cm, 15cm, 20cmの三角形の $\frac{1}{5}$ の縮図

② 1辺の長さが24cmで両はしの角度が60°と30°の三角形の $\frac{1}{6}$ の縮図

146

拡大図・縮図

① 三角形ABCの2倍の拡大図を点Aを中心にしてかきましょう。

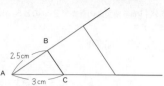

② 三角形ABCの3倍の拡大図を、点Aを中心にしてかきましょう。

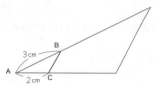

③ 三角形の2倍の拡大図と $\frac{1}{2}$ の縮図を、点Aを中心にしてかきましょう。

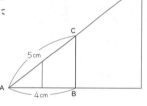

147

拡大図・縮図

① 四角形の2倍の拡大図と、$\frac{1}{2}$ の縮図を、点Aを中心にしてかきましょう。

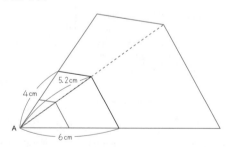

② 次の三角形の2倍の拡大図と、$\frac{1}{2}$ の縮図を点A、点B、点C を中心にして、それぞれかきましょう。

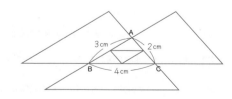

148

縮尺

縮図で、長さを縮めた割合を 縮尺 といいます。

① 縦が25mあるプールの縮図をかきました。縮尺を求めましょう。

縮図上の長さ	:	実際の長さ
2cm	:	25m

$$= 2cm : 2500cm$$
$$= 2 : 2500$$
$$= 1 : (1250)$$

上のプールの図の縮尺は1:1250です。縮尺 $\frac{1}{1250}$ ともいいます。

② 地図では、右のような方法で縮尺を表すことがあります。

① この地図の縮尺はいくらですか。

1cm : 100000cm

答え $\frac{1}{100000}$

② 三山と古法皇山のきょりは、およそ何kmですか。

答え 約2km

③ 三山と久司山のきょりは、およそ何kmですか。

答え 約4km

149

月　日　名前

図形の拡大と縮小 ⑨
縮尺

① 次の問いに答えましょう。

　① 実際の長さが1kmで地図上の長さが2cmのとき、地図の縮尺を求めましょう。

　　式　2：100000＝1：50000

　　　　　　　　　　　　答え　$\dfrac{1}{50000}$

　② 実際の長さが5kmで縮尺が$\dfrac{1}{25000}$のとき、縮図上の長さを求めましょう。

　　式　500000×$\dfrac{1}{25000}$＝$\dfrac{500}{25}$＝20

　　　　　　　　　　　　答え　20cm

　③ 縮尺が$\dfrac{1}{100000}$の縮図上で3.5cmの長さは、実際の長さでは何kmですか。

　　式　3.5×100000＝350000cm
　　　　　　　　　＝3500m
　　　　　　　　　＝3.5km　　答え　3.5km

② 次の表の（　）に数を入れましょう。

実際の長さ	（ 50 ）m	5km	2750m	10km
縮図上の長さ	4cm	（ 20 ）cm	5.5cm	10cm
縮尺	$\dfrac{1}{1250}$	$\dfrac{1}{25000}$	（ $\dfrac{1}{50000}$ ）	（ $\dfrac{1}{100000}$ ）

150

月　日　名前

図形の拡大と縮小 ⑩
縮図から求める

実際の長さ（高さ）を測るのがむずかしいところでも、縮図をかいて、およその長さ（高さ）を求めることができます。

① 時計台の高さを知りたくて図のところを測りました。時計台の高さはおよそ何mですか。$\dfrac{1}{1000}$の縮図をかいて求めましょう。

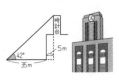

　3.7×1000＝3700cm
　　　　　　＝37m

　　　　　　答え　37m

② 東京スカイツリーを約500mはなれた高さ135mのビルの屋上から見ると、タワーの先が45度のところに見えるそうです。

　縮図をかいて、東京スカイツリーのおよその高さを求めましょう。

　5cm×10000＝50000cm
　　　　　　＝500m
　500＋135＝635m

　　　　　　答え　635m

151

まとめテスト

月　日　名前

まとめ ⑲
図形の拡大と縮小

／50点

① 四角形AEFGは、四角形ABCDを2倍に拡大したものです。

　① 角E、角F、角Gの大きさは何度ですか。　(各5点/15点)

　　角E（ 65° ）　角F（ 105° ）　角G（ 100° ）

　② 辺EF、辺FGの長さは何cmですか。　(各5点/10点)

　　辺EF（ 2.8cm ）　辺FG（ 4cm ）

② 三角形ADEは、三角形ABCを縮小したものです。

　① 三角形ADEは、三角形ABCの何分の1の縮図ですか。　(10点)

　　答え　$\dfrac{1}{3}$

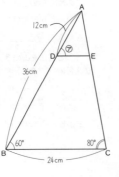

　② 辺DEの長さは何cmですか。　(10点)

　　答え　8cm

　③ 角⑦の大きさは何度ですか。　(5点)

　　答え　60°

152

まとめテスト

月　日　名前

まとめ ⑳
図形の拡大と縮小

／50点

① 図は縮尺が$\dfrac{1}{200}$の地図にかかれている長方形の土地です。

　① 実際の土地の周りの長さは何mですか。　(10点)

　　式　6×200＝1200cm＝12m
　　　　8×200＝1600cm＝16m
　　　　12＋16＝28
　　　　28×2＝56

　　　　　　答え　56m

　② 実際の土地の面積は何m²ですか。　(10点)

　　式　12×16＝192

　　　　　　答え　192m²

　③ 縮尺が1：400の地図で表すとき、この地図の縦と横の長さはそれぞれ何cmですか。　(10点)

　　　　答え　縦 3cm　横 4cm

② 次の□にあてはまる数を求めましょう。　(各10点/20点)

　① 縮尺が$\dfrac{1}{20000}$の地図で15cmの道のりを自転車で走ると、12分かかります。この自転車の速さは、時速 15 km です。

　② 縮尺が$\dfrac{1}{250000}$の地図で8cmの道のりを時速40km の車で走ると1800秒かかります。

153

円の面積 ①
半径から求める

円の面積は
　　　　円の面積＝半径×半径×3.14
で求めることができます。

🍎 円の面積を求めましょう（円周率は3.14とします）。

①
　　　式　5×5×3.14
　　　　＝78.5

　　　　　答え　78.5cm²

②
　　　式　16×16×3.14
　　　　＝803.84

　　　　　答え　803.84cm²

③
　　　式　20×20×3.14
　　　　＝1256

　　　　　答え　1256cm²

④　半径9mの円
　　　式　9×9×3.14＝254.34

　　　　　答え　254.34m²

154

円の面積 ②
直径から求める

🍎 円の面積を求めましょう（円周率は3.14とします）。

①
　　　式　12÷2＝6
　　　　6×6×3.14＝113.04

　　　　　答え　113.04cm²

②
　　　式　34÷2＝17
　　　　17×17×3.14＝907.46

　　　　　答え　907.46cm²

③
　　　式　52÷2＝26
　　　　26×26×3.14＝2122.64

　　　　　答え　2122.64cm²

④　直径22mの円
　　　式　22÷2＝11
　　　　11×11×3.14＝379.94　　答え　379.94m²

⑤　直径46mの円
　　　式　46÷2＝23
　　　　23×23×3.14＝1661.06　　答え　1661.06m²

155

円の面積 ③
ドーナツ形

🍎 ▨の面積を求めましょう。

①
　　　式　10×10×3.14－5×5×3.14
　　　　＝314－78.5
　　　　＝235.5

　　　　　答え　235.5cm²

②
　　　式　10×10×3.14－4×4×3.14
　　　　＝314－50.24
　　　　＝263.76

　　　　　答え　263.76cm²

③
　　　式　10×10×3.14－8×8×3.14
　　　　＝314－200.96
　　　　＝113.04

　　　　　答え　113.04cm²

156

円の面積 ④
組み合わせた形

🍎 ▨の面積を求めましょう。

①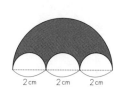
　　　式　$3×3×3.14×\frac{1}{2}$
　　　　$-1×1×3.14×\frac{3}{2}$
　　　　＝14.13－4.71
　　　　＝9.42

　　　　　答え　9.42cm²

②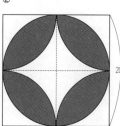
　　　式　10×10
　　　　$-10×10×3.14×\frac{1}{4}$
　　　　＝100－78.5＝21.5
　　　　100－21.5×2＝57
　　　　57×4＝228

　　　　　答え　228cm²

157

39

月　日名前

円の面積 ⑤
おうぎ形の面積

おうぎ形の面積を求めましょう。

①

式　$4 \times 4 \times 3.14 \times \frac{1}{4}$
　　$= 12.56$

答え　12.56cm²

②

式　$10 \times 10 \times 3.14 \times \frac{1}{4}$
　　$= 78.5$

答え　78.5cm²

③

式　$22 \times 22 \times 3.14 \times \frac{1}{4}$
　　$= 379.94$

答え　379.94cm²

④

式　$30 \times 30 \times 3.14 \times \frac{1}{4}$
　　$= 706.5$

答え　706.5cm²

158

月　日名前

円の面積 ⑥
おうぎ形の面積

おうぎ形の面積を求めましょう。

①

式　$6 \times 6 \times 3.14 \times \frac{1}{6}$
　　$= 18.84$

答え　18.84cm²

②

式　$12 \times 12 \times 3.14 \times \frac{1}{6}$
　　$= 75.36$

答え　75.36cm²

③

式　$24 \times 24 \times 3.14 \times \frac{1}{6}$
　　$= 301.44$

答え　301.44cm²

④

式　$36 \times 36 \times 3.14 \times \frac{1}{6}$
　　$= 678.24$

答え　678.24cm²

159

月　日名前

円の面積 ⑦
円の面積の組み合わせ

長方形のさくのかどに、牛が8mのロープでつながれています。この牛が食べられる草のはんいは何m²ですか。

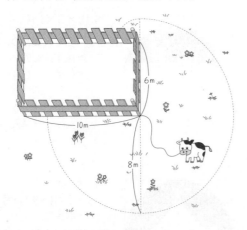

式　$8 \times 8 \times 3.14 \times \frac{3}{4} = 150.72$

$2 \times 2 \times 3.14 \times \frac{1}{4} = 3.14$

$150.72 + 3.14 = 153.86$

答え　153.86m²

160

月　日名前

円の面積 ⑧
円の面積の組み合わせ

角形のさくのかどに、牛が9mのロープでつながれています。この牛が食べられる草のはんいは何m²ですか。

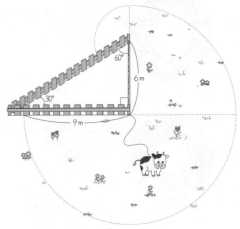

式　$9 \times 9 \times 3.14 \times \frac{3}{4} = 190.755$

$3 \times 3 \times 3.14 \times \frac{1}{3} = 9.42$

$190.755 + 9.42 = 200.175$

答え　200.175m²

161

40

まとめ ㉑
円の面積
/50点

① 円の面積の公式をかきましょう。 (10点)

（円の面積）＝（ 半径 ）×（ 半径 ）×3.14

② 次の円の面積を求めましょう。 (各10点／30点)

① 半径5cmの円

式　5×5×3.14＝78.5

答え　78.5cm²

② 直径12cmの円

式　12÷2＝6
　　6×6×3.14＝113.04

答え　113.04cm²

③ 円周が43.96cmの円

式　43.96÷3.14＝14　14÷2＝7
　　7×7×3.14＝153.86

答え　153.86cm²

③ ■の部分の面積を求めましょう。 (10点)

式　3×3－3×3×3.14×$\frac{1}{4}$
　　＝9－7.065
　　＝1.935
　　9－1.935×2＝5.13

答え　5.13cm²

162

まとめ ㉒
円の面積
/50点

■の部分の面積を求めましょう。 (各10点／50点)

①

式　4×4－4×4×3.14×$\frac{1}{4}$
　　＝16－12.56＝3.44

答え　3.44cm²

②

式　2×2×3.14×$\frac{1}{2}$
　　＝6.28

答え　6.28cm²

③

式　3×3－3×3×3.14×$\frac{1}{4}$
　　＝9－7.065＝1.935
　　1.935×2＝3.87

答え　3.87cm²

④

式　3×3×3.14×$\frac{1}{4}$
　　－3×3×$\frac{1}{2}$
　　＝7.065－4.5＝2.565

答え　2.565cm²

⑤

式　5×5×3.14
　　－5×5×$\frac{1}{2}$×4
　　＝78.5－50＝28.5

答え　28.5cm²

163

およその面積・体積 ①
面積

① 図のような葉の、およその面積を求めましょう。

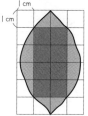

■ ＝ 1 cm²
■ ＝ 0.5cm²

式　1×8＋0.5×12
　　＝8＋6＝14

答え　約　14 cm²

② 図のような公園の、およその面積を求めましょう。

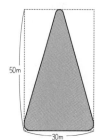

式　30×50×$\frac{1}{2}$
　　＝750

答え　約　750 m²

164

およその面積・体積 ②
面積

次の島の面積を求めましょう。すべてうまっているマスは1マス、少しだけかかっていたり、欠けていたりするマスは、0.5マスとして数え、マスいくつ分かを求めて、島の面積を求めましょう。

① 鹿児島県屋久島のおよその面積を求めましょう。

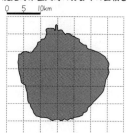

1…9
0.5…22
1×9＋0.5×22
＝9＋11＝20
5×5＝25
25×20＝500

答え　500km²

② 香川県小豆島のおよその面積を求めましょう。

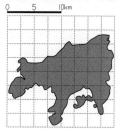

1…9
0.5…33
1×9＋0.5×33
＝9＋16.5＝25.5
2.5×2.5＝6.25
6.25×25.5＝159.375

答え　約159km²

165

41

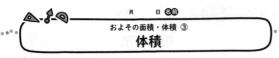

  月 日 名前
およその面積・体積 ③
体積

およその体積を求めましょう。

①

式　5×8×25
　　=1000

答え　　　1000cm³

②

式　30×40×15
　　=18000

答え　　　18000cm³

166

  月 日 名前
およその面積・体積 ④
体積

およその体積を求めましょう。

①

式　3×7×2.5
　　=52.5

答え　　　52.5m³

②

式　20×10×20
　　=4000

答え　　　4000m³

167

まとめテスト 月 日 名前

まとめ㉓
およその面積 　/50点

次の島の面積を求めましょう。すべてうまっているマスは1マス、少しだけかかっていたり、欠けていたりするマスは、0.5マスとして数え、マスいくつ分かを求めて、島の面積を求めましょう。

① 兵庫県淡路島のおよその面積を求めましょう。　(25点)

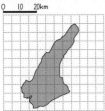

1…10
0.5…31
1×10+0.5×31
=10+15.5=25.5
5×5=25
25×25.5=637.5
答え　637.5km²

② 新潟県佐渡島のおよその面積を求めましょう。　(25点)

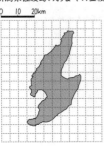

1…16
0.5…35
1×16+0.5×35
=16+17.5=33.5
5×5=25
25×33.5=837.5
答え　約838km²

168

まとめテスト 月 日 名前

まとめ㉔
およその体積 　/50点

① 浴そうのおよその体積を求めましょう。　(25点)

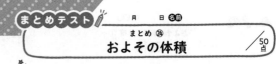

式　80×110×60
　　=528000

答え　528000cm³

② タンスのおよその体積を求めましょう。　(25点)

式　30×90×100
　　=270000

答え　270000cm³

169

42

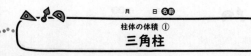

柱体の体積 ①
三角柱

🍎 次の立体の体積の求め方を考えましょう。

① 直方体を半分にした形の体積

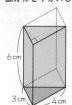

式　3×4×6÷2=36

答え　36cm³

 このような形を **三角柱** といいます。

② ①の三角柱の底面積を考えて、体積を求めましょう。

式　3×4÷2=6
　　6×6=36

答え　36cm³

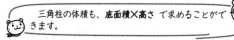 三角柱の体積も、**底面積×高さ** で求めることができます。

170

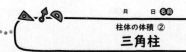

柱体の体積 ②
三角柱

🍎 次の三角柱の体積を求めましょう。

①

式　3×1÷2=1.5
　　1.5×3=4.5

答え　4.5cm³

② 同じ三角柱を2つあわせました。

式　6×2÷2=6
　　6×2=12

答え　12cm³

③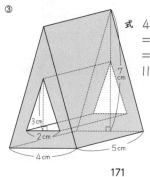

式　4×7÷2-2×3÷2
　　=14-3
　　=11
　　11×5=55

答え　55cm³

171

柱体の体積 ③
円柱

🍎 今まで習ったことをもとにして、次の円柱の体積を求めましょう。

①

式　12×8=96

答え　96cm³

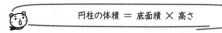 **円柱の体積 ＝ 底面積 × 高さ**

②

式　5×5×3.14=78.5
　　78.5×13=1020.5

答え　1020.5cm³

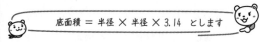 **底面積 ＝ 半径 × 半径 × 3.14** とします

172

柱体の体積 ④
円柱

🍎 次の円柱の体積を求めましょう。

①

式　0.8×0.8×3.14=2.0096
　　2.0096×6.2=12.45952

答え 12.45952cm³

②

式　2.5×2.5×3.14=19.625
　　19.625×10=196.25

答え　196.25cm³

③

式　12×12×3.14×$\frac{1}{2}$
　　-7×7×3.14×$\frac{1}{2}$
　　=226.08-76.93=149.15
　　149.15×25=3728.75

答え 3728.75cm³

④

式　14×14×3.14×$\frac{3}{4}$=461.58
　　461.58×15=6923.7

答え　6923.7cm³

173

43

柱体の体積 ⑤
多角柱

柱体の体積＝底面積×高さを使って、次の多角柱の体積を求めましょう。

①

式　(4＋6)×2÷2＝10
　　10×4＝40

答え　　40cm³

②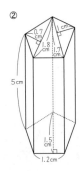

式　1.8×0.7÷2＝0.63
　　1.2×1.5÷2＝0.9
　　1.7×1÷2＝0.85
　　0.63＋0.9＋0.85＝2.38
　　2.38×5＝11.9

答え　　11.9cm³

柱体の体積 ⑥
多角柱

次の柱体の体積を求めましょう。

①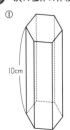

底面は正六角形で、底面を6つに分けた1つの三角形の面積は2cm²でした。この正六角柱の体積を求めましょう。

式　2×6＝12
　　12×10＝120

答え　　120cm³

②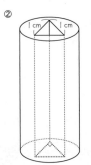

半径1.5cm、高さ10cmの円柱に、底辺と高さが1cmの直角二等辺三角形を底面とする三角柱の穴をあけました。体積を求めましょう。

式　1.5×1.5×3.14＝7.065
　　1×1÷2＝0.5
　　7.065－0.5＝6.565
　　6.565×10＝65.65

答え　　65.65cm³

柱体の体積 ⑦
四角すい

左のように、底面が四角形で、側面が三角形の立体を、四角すい といいます。

底面が1辺10cmの正方形、高さが9cmの四角すいの体積を考えてみましょう。

ひっくり返して、中が空の入れものと考えます。

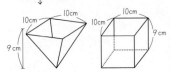

底面が同じ1辺10cmの正方形で、高さが9cmの直方体の入れものの体積を、入る水の量を使って比べます。

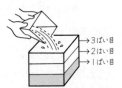

四角すいにためた水を、直方体に注ぐと、3ばい分の水が入ります。

⇩

つまり、四角すいの体積は、同じ底面の形で、高さが同じ直方体の体積の $\frac{1}{3}$ です。

四角すいの体積 ＝ 縦×横（底面積）× 高さ × $\frac{1}{3}$ で求められます。

柱体の体積 ⑧
四角すい

① 左ページの四角すいの体積を求めましょう。

底面積　高さ
10 × 10 × 9 × $\frac{1}{3}$ ＝300

答え　　300cm³

② 四角すいの体積を求めましょう。

①

式　6×6×4×$\frac{1}{3}$＝48
答え　　48cm³

②

式　2×2×18×$\frac{1}{3}$＝24
答え　　24cm³

③

式　8×8×12×$\frac{1}{3}$＝256
答え　　256cm³

④ 底面が1辺7cmの正方形で、高さが6cmの四角すいの体積。

式　7×7×6×$\frac{1}{3}$＝98
答え　　98cm³

まとめ㉕ 柱体の体積 /50点

① 底面が図のような形で高さが
4cmの五角柱の体積を求めま
しょう。 (式5点, 答え10点/15点)

12cm
12cm
8cm
8cm

式 12×12−4×4÷2
=144−8=136
136×4=544

答え 544cm³

② 底面の内のりが半径7cmの円で、円柱の容器に水769.3cm³入
れると、水の深さは何cmになりますか。 (式5点, 答え10点/15点)

式 7×7×3.14=153.86
769.3÷153.86=5

答え 5cm

③ 次の立体の体積を求めましょう。 (式10点, 答え10点/20点)

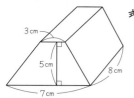
3cm
5cm
8cm
7cm

式 (3+7)×5÷2=25
25×8=200

答え 200cm³

178

まとめ㉖ 柱体の体積 /50点

次のような立体の体積を求めましょう。 (①〜③式5点, 答え5点/30点)(④式10点, 答え10点/20点)

①
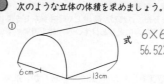
6cm
13cm

式 6×6×3.14÷2=56.52
56.52×13=734.76

答え 734.76cm³

②
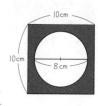
3cm
2cm
8cm

式 3×2÷2=3
3×8=24

答え 24cm³

③ 底面が半径3cmの円で、高さが16cmの立体。

式 3×3×3.14=28.26
28.26×16=452.16

答え 452.16cm³

④ 底面が図の 部分のよう
な形で高さが10cmの立体。

10cm
10cm
8cm

式 10×10−4×4×3.14
=100−50.24
=49.76
49.76×10=497.6

答え 497.6cm³

179

考える力をつける① ハノイのとう

右の図のように大中小3枚の穴の
あいた円板があります。
次のルールで移動させます。

① 1回に動かすのは1枚だけ
② 棒以外の場所には置けない
③ 小さい円板の上に大きい円板をのせてはいけない

3枚の円板を右はしの棒に移動するには、どう動かせばよ
いですか。

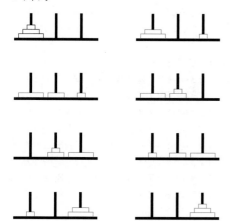

180

考える力をつける② 図形の問題

① 図の正十二角形の面積を求めましょう。

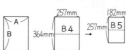
A
H C
O B
1cm

OA=OB=AB=1cmの
正三角形よりOC⊥AB
BH=0.5cm
△OBC=1×0.5÷2
=0.25(cm²)
0.25×12=3

答え 3cm²

② B4のテスト用紙を半分に切ると、B5というサイズになり
ます。
半分にしても形は同じで、横と縦の長さの比は、ほぼ1：1.41
になります。下に紙のサイズを示しました。
縦の長さ÷横の長さを小数第2位まで求め、比の値がおよそ
1.41になっているか確かめましょう。

257mm
182mm
A
B
B4
364mm
B5
257mm

A：B=1：1.41
257：364=1：1.416…
182：257=1：1.412…

181

45

考える力をつける ③
旅人算

江戸時代、東海道を江戸日本橋から京の三条大橋まで行くのに、約半月かかりました。けれど、飛脚という手紙などを届ける人は、マラソン選手なみに走りぬけていき、約1週間で着いたといわれています。

🍎 では、問題です。

江戸と京の間は126里あります（1里は約4kmです）。飛脚のとらさんは1日に21里、くまさんは1日に14里進みます。

① とらさんは京を出て江戸へ、くまさんは江戸を出て京へ向かいました。同時に出発すると、とらさんとくまさんは、何日目に出会いますか。

式　21＋14＝35
　　126÷35＝3あまり21

答え　　4日目

② とらさんとくまさんが同時に江戸を出発しました。とらさんは、京に着いたらすぐまた江戸へ向かいます。とらさんとくまさんは、江戸を出発してから何日目に出会いますか。

式　とらさんは126÷21＝6で京に着く。
　　その間くまさんは14×6＝84(里)のところにいる。
　　126－84＝42(里)
　　とらさんが京で折りかえし、2日目に出会う

答え　　8日目

182

考える力をつける ④
布ぬすっと算

江戸時代に出された吉田光由という人がかいた算術書があります。塵劫記という本で、楽しい問題がたくさんかかれています。

🍎 呉服屋に何人組かのどろぼうが入り、反物がたくさんぬすまれました。岡っ引きが追いかけましたが、見失してしまいました。しかたなく引き返し、橋のたもとまで来たところ、橋の下からこんなひそひそ話が聞こえてきました。
「ぬすんできた反物は、みんなで同じだけ分けることにしよう。はて、だが、8反ずつ分けると7反たらず、7反ずつ分けると8反あまる。どう分けたらよいものか。」

① どろぼうは何人ですか。

式　どろぼうの人数をaとすると
　　$8×a-7＝7×a+8$
　　$a＝15$

答え　　15人

② ぬすまれた反物は何反ですか。

式　$8×15-7＝113$

答え　　113反

183

考える力をつける ⑤
電卓を使って

🍎 安土桃山時代、大坂城で豊臣秀吉は、とんちで有名な曽呂利新左衛門と将棋の勝負をして負けました。のぞみの品をといわれて、新左衛門はこれからの1か月（30日）間、米粒をいただきたいといいました。1日目は1粒、2日目は倍の2粒、3日目はまた倍の4粒、4日目はさらに倍の8粒というように。

人々は、もっとましなものをもらえばよかったのにとうわさしました。さて、30日目には、米粒は何粒になりましたか。10けた以上表示できる電卓を使って調べてみましょう。

1	1	16	32768
2	1×2＝2	17	65536
3	2×2＝4	18	131072
4	4×2＝8	19	262144
5	8×2＝16	20	524288
6	16×2＝32	21	1048576
7	32×2＝64	22	2097152
8	64×2＝128	23	4194304
9	128×2＝256	24	8388608
10	256×2＝512	25	16777216
11	512×2＝1024	26	33554432
12	1024×2＝2048	27	67108864
13	2048×2＝4096	28	134217728
14	4096×2＝8192	29	268435456
15	8192×2＝16384	30	536870912

184

考える力をつける ⑥
数って美しい

🍎 次の計算を、12けた表示のできる電卓を使ってしましょう。

① 1×9＋2＝11
② 12×9＋3＝111
③ 123×9＋4＝1111
④ 1234×9＋5＝11111
⑤ 12345×9＋6＝111111
⑥ 123456×9＋7＝1111111
⑦ 1234567×9＋8＝11111111
⑧ 12345678×9＋9＝111111111
⑨ 123456789×9＋10＝1111111111

⑩ 12345679×1×9＝　111　111　111
⑪ 12345679×2×9＝　222　222　222
⑫ 12345679×3×9＝　333　333　333
⑬ 12345679×4×9＝　444　444　444
⑭ 12345679×5×9＝　555　555　555
⑮ 12345679×6×9＝　666　666　666
⑯ 12345679×7×9＝　777　777　777
⑰ 12345679×8×9＝　888　888　888
⑱ 12345679×9×9＝　999　999　999

185

46

考える力をつける ⑦
川をわたる問題

オオカミとヤギをつれ、キャベツ1個を持った農夫が川の西岸にいます。川には船があります。その船には、農夫とキャベツ1個をのせるか、農夫と動物1頭しかのせることができません。農夫がいなければ、オオカミはヤギをおそうし、ヤギはキャベツを食べてしまいます。すべてを無事に東岸にわたすには、どのように運べばよいですか。

西岸 (オオカミ / ヤギ / キャベツ)			船	東岸　例
オ	ヤ	キ		
オ		キ	農ヤ　→	
オ		キ	農　←	ヤ
		キ	農オ　→	ヤ
		キ	農ヤ　←	オ
	ヤ		農キ　→	オ
	ヤ		農　←	オ　キ
			農ヤ　→	オ　キ
				オ　キ　ヤ

186

考える力をつける ⑧
川をわたる問題

宣教師が3人と武士が3人、川の西岸にいます。川には2人までのれる船があります。宣教師の数より武士の数が多くなると、宣教師がやられてしまいます。全員無事に東岸にわたろにはどのようにのればよいですか。

宣教師 ○○○ / 武士 □□□ （西岸）	船	東岸　例
○○○ □	□□　→	
○○○ □	□　←	□
○○○	□□　→	□
○○○	□　←	□□
○ □	○○　→	□□
○ □	○○　←	○ □
□□	○○　→	○○○ □
□□□	□　←	○○○
□	□□　→	○○○ □□
□□	□　←	○○○ □
	□□　→	○○○ □□

187

考える力をつける ⑨
ゆいごん

羊を17頭所有していた老人が、ゆいごんを残してなくなりました。ゆいごんには、
「長男に2分の1、次男に3分の1、三男に9分の1となるように分けよ」
とありました。
でも17頭は、2でも3でも9でもわれません。
そこに羊を1頭つれた商人が来て、困っている兄弟にいいました。
「わたしの羊をかしてあげよう」
これで羊は18頭になりました。

長男　$18 \times \frac{1}{2} =$ 9 頭　　次男　$18 \times \frac{1}{3} =$ 6 頭

三男　$18 \times \frac{1}{9} =$ 2 頭

兄弟の合計　17 頭

残った羊を商人に返して、無事分配することができました。

188

考える力をつける ⑩
ゆいごん

① 左のゆいごんで羊は11頭とします。また、ゆいごんは「長男に2分の1、次男に4分の1、三男に6分の1となるように分けよ」
とあり、商人から1頭羊をかりました。

長男　$12 \times \frac{1}{2} =$ 6 頭　　次男　$12 \times \frac{1}{4} =$ 3 頭

三男　$12 \times \frac{1}{6} =$ 2 頭　　兄弟の合計　11 頭

商人に羊を 1 頭返しました。

② 左のゆいごんで羊は11頭とします。また、ゆいごんは「長男に2分の1、次男に3分の1、三男に6分の1になるように分けよ」
とあり、商人から1頭羊をかりました。

長男　$12 \times \frac{1}{2} =$ 6 頭　　次男　$12 \times \frac{1}{3} =$ 4 頭

三男　$12 \times \frac{1}{6} =$ 2 頭　　兄弟の合計　12 頭

商人に羊を 0 頭返しました。

189